四川米仓山国家级自然保护区台湾水青冈的生存现状

主编　胥　晓　甘小洪　吴定军

U0197643

科学出版社

北　京

内 容 简 介

　　台湾水青冈是我国特有的国家Ⅱ级重点保护濒危植物。近些年来，受全球气候变化、人类活动及种群更新能力的影响，其生存和发展面临着严峻的挑战。因此，深入了解台湾水青冈的群落特征，掌握其生物多样性状况，越来越受到科研工作者的重视。本书以台湾水青冈为研究对象，分析四川米仓山国家级自然保护区内台湾水青冈天然种群的生存现状。系统地介绍台湾水青冈的群落结构、物种组成、多样性状况、种群数量、密度、年龄结构、存活曲线及生存状况。本书研究成果可为全球气候变化背景下重点濒危植物类群的保护对策制定提供科学依据。

　　本书可供林业科研人员、保护区管理人员和高等院校的师生参考，也可为其他相关领域的专业人员提供有益借鉴。

图书在版编目(CIP)数据

　　四川米仓山国家级自然保护区台湾水青冈的生存现状/胥晓，甘小洪，吴定军主编. — 北京：科学出版社，2019.6
　　ISBN 978-7-03-061667-8

　　Ⅰ.①四… Ⅱ.①胥… ②甘… ③吴… Ⅲ.①自然保护区-水青冈-研究-四川 Ⅳ.①S792.160.3

　　中国版本图书馆 CIP 数据核字 (2019) 第 117641 号

责任编辑：张　展　孟　锐／责任校对：彭　映
责任印制：罗　科／封面设计：墨创文化

科学出版社出版
北京东黄城根北街16号
邮政编码：100717
http://www.sciencep.com
*成都锦瑞印刷有限责任公司*印刷
科学出版社发行　各地新华书店经销

＊

2019 年 6 月第　一　版　开本：B5 (720×1000)
2019 年 6 月第一次印刷　印张：9.75
字数：200 000

定价：**75.00 元**
(如有印装质量问题，我社负责调换)

编 委 会

前　言

　　水青冈属(Fagus)是壳斗科(Fagaceae)中的一个属，在全世界约有 12 种，普遍分布于北半球温带和亚热带高山地区。在欧美大陆，水青冈属植物是温带湿润地区地带性落叶阔叶林中的常见类型，且被当作重要的材用和绿化造林树种，其地理分布和群落组成都较复杂。在亚热带地区，它分布于地带性植被常绿阔叶林带之上，是常绿落叶阔叶混交林及山地落叶阔叶林的重要成分。据张永田和黄成就等的分类结果，我国有水青冈(F. longipetiolata Seem.)、光叶水青冈(F. lucida Rehd. et Wils.)、米心水青冈(F. engleriana Seem.)、台湾水青冈(F. hayatae Palib. ex Hayata)、钱氏水青冈(F. chienii Cheng)、巴山水青冈(F. pashanica C. C.Yang)、浙江水青冈(F. hayatae var. zhengjiangensis)等 7 种，分布于我国西南至东部地区。

　　台湾水青冈(F. hayatae)属壳斗科(Fagaceae)水青冈属(Fagus)的落叶乔木，是从冰河时期一直遗留到现在的珍贵稀有植物，不仅为我国特有的重要用材树种和绿化树种，而且还因其数量稀少被我国列为国家二级重点保护野生植物。其主要分布于台湾岛北部，甘肃、四川、湖北、陕西的大巴山脉以及浙江临安的清凉峰、永嘉四海山和庆元等地海拔 1000～2300 m 的山林中。在四川省内，台湾水青冈主要分布在秦岭山系广义大巴山米仓山段海拔 1200～2000 m 内，行政区划分别归属于四川省南江县和旺苍县。

　　四川米仓山国家级自然保护区位于大巴山西段米仓山南坡，东面接神农架、大巴山，西面连接龙门山、岷山、横断山，北邻秦岭，南靠四川盆地，在气候带上属我国亚热带向暖温带的过渡区域，地理位置十分特殊。植物区系处于中国–日本森林植物区的华中地区，以及华北地区的黄土高原亚地区与中国–喜马拉雅森林植物区的横断山脉地区交汇地带，成分复杂。2006 年经国家林业部、国家环保总局组织的调查结果表明，该自然保护区范围内具有 4690 hm^2 水青冈属植物原始林，是目前世界上保持面积最大、种类分布最集中的水青冈属植物原始林，分布着 4 种水青冈属植物，其中在我国内陆地区发现大面积分布的台湾水青冈还属首次。

　　鉴于台湾水青冈在研究水青冈属植物的起源与演化，以及我国大陆温带和亚热带山地植物区系与台湾植物区系的演化历史中具有重要的科学价值，同时为了更好地了解和保护四川米仓山自然保护区内的台湾水青冈种群，我们于 2013～2015 年对该保护区内的台湾水青冈分布状况进行了深入调查和研究，先后获得各类典型的水青冈群落样地 42 个，其中具有代表特征的台湾水青冈样地 18 个，在此基础上对各样地内的土壤条件、群落结构、物种组成、多样性状况、种群数量和密度、年龄结构、存活曲线、生存状况等进行了深入分析，初步获得了系列研究结果，现将其整理出版，以供相关部门和有关科研人员参考。

本书共 8 章，内容涉及研究区域概况、调查内容及方法、群落特征、种群特征、生存力分析以及种群分布与土壤质地的相关性等内容。先后有 30 多位研究人员参与了调查研究过程和编写工作。在研究项目的实施和本书的编撰过程中，得到了四川省旺苍县米仓山自然保护区管理局专项资金的大力资助，也得到了相关单位和同仁在野外调查、数据取样、室内分析、书稿整理方面给予的大力帮助，封面图片由陈坚提供，在此一并表示衷心的感谢。

由于调查时间和研究水平有限，本书仍可能存在不足之处，望读者予以批评指正！

胥　晓

2016 年 6 月于南充

目　　录

第1章 研究区域概况

1.1 自然环境概况

1.1.1 地理位置

四川米仓山国家级自然保护区(图 1-1)地处四川盆地北缘,米仓山南麓,旺苍县的东北部。地理位置在北纬 32°29′~32°41′,东经 106°24′~106°39′。在地理区位上北与陕西黎坪国家级森林公园接壤,东邻南江县米仓山国家级森林公园,西靠旺苍县万家乡、旺苍县国营林场光头山工区,南与鼓城乡(原干河乡)、檬子乡相连。该保护区位于我国亚热带向暖温带的过渡地区,是多种自然要素交汇、过渡的区域。保护区的植物区系处于中国-日本森林植物区的华中地区,以及华北地区的黄土高原亚地区与中国-喜马拉雅森林植物区的横断山脉地区交汇地带,生物多样性较高(陈坚,2014)。

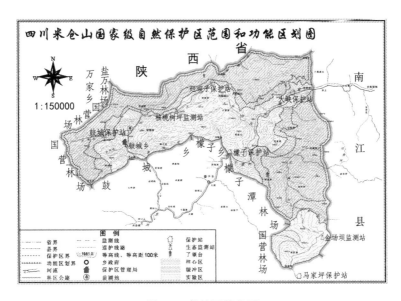

图 1-1 保护区的位置

注:资料来源于米仓山国家级自然保护区管理局(见彩图)。

保护区的范围东以旺苍县界为界，北起欧家坪城岩北，向西经城墙岩主峰(海拔 2281m)和无名峰(海拔 2226m)至官牛洞，沿长潭河经分水岭至大坝口(与陕西省宁强县的分界线)；西北界为大坝口向西，经蒋家坝南缘、梨树碥北面至大红岩西北，然后向西至海拔 2103.7m 的无名山，经塔子湾达海拔 2021m 的主峰(与陕西省宁强县的分界线)；南界由光头山向东北沿龙神沟南支，经石板垭—庄房垭—石人山达宽滩河支流洞子沟中游，再沿洞子沟向南过宽滩河，经王家河—张家湾—经岩坝—鄢家湾—唐家垭—松包寨(海拔 1901m)—木场坪—大阴坡达岳溪河上游黄金峡，翻王家梁子至纸厂沟，经溯纸厂沟、廖林沟至旺苍县界。南北长 23 km，东西宽 25 km，总面积 23 400 hm²。

1.1.2 地质环境

1. 地质构造

米仓山在中国大地构造上处于扬子地台的北缘，是扬子地台与秦岭地槽褶皱带之间的过渡区。受地台、地槽和龙门山华夏构造的影响，应力场比较复杂。米仓山自然保护区境内，从其岩性、建造、厚度、构造形态上看，具有地槽特征。在保护区境外的南面和西面，分布有中山子复向斜 (NNE 向)、汉王山复背斜(EW向)以及西南面的曾家河复背斜 (EW 向)。区外强烈的褶皱，使本区形成地垒式的构造。

吕梁运动和燕山运动使元古界基底大幅度上升，经侵蚀、剥蚀作用在区外大面积出露，在保护区内仅出露于檬子乡的石人山、石板垭一带。同时，吕梁运动的岩浆活动十分活跃，尤其是在第三期和第四期的岩浆侵入，使保护区东南部分布有大面积的岩浆岩。

2. 断裂带

强烈的褶皱造山运动，产生断裂。烂柴坝断裂是牟家坝断裂的西段。从本区东北部的白头滩、刘家岩入境后呈北东向，经邓家地—杨家坪—沙湾—烂柴坝—白杨坪—坟梁—铁沙岩，抵宽滩河支流洞子沟中游，然后转为东西向，再经庄坊垭—石板垭—谢家湾—干树咀—燕子岩—干河坝，沿金竹沟继续向西，最后止于朱家垭。该断裂从东到西，贯穿本区中部，长达 23 km。

此外，从烂柴坝断裂西段石板垭又分出一支断裂，东起石板垭，向西经谢家湾—沿黑沟里—关口垭向西，止于龙池沟南支沟的下游，长约 6 km。该断裂称黑沟里断裂。在鼓城村的白岩塘(铁厂沟南)又有一条长 1 km 左右的断裂。

3. 地层及其分布

保护区内主要出露元古界、古生界滨海至深海沉积的碳酸盐岩、砂岩、石英砂岩、页岩、硅质岩、生物碎屑岩以及吕梁期的岩浆岩等。

火地垭群：为浅变页的绢云母石英板岩，仅出露于檬子乡西侧的庄坊垭、石柏垭一带。

岩浆岩：为吕梁期第三期和第四期侵入岩，包括黑云母花岗岩、花岗闪长岩、黑云母闪长岩、石英闪长岩、钾长石文象花岗岩、角闪闪长岩等，大面积出露于宽滩河以东的保护区东南部地区，以及简家山的南坡、毛家坪、文家梁等地。

震旦系上统灯影组：为砾岩、砂岩、白云质灰岩、页岩、硅质岩等。从东到西呈条带状分布于保护区的中南部。东起刘家岩—邓家地—漆树咀—切刀梁—关口垭—龙池沟—金竹沟以南的光头山东坡。

寒武系中下统：为砂岩、页岩、粉砂岩、白云质灰岩等。从东到西呈环状分布于震旦系灯影组地层之北，其中在鼓城乡干河坝至水晶坝、铁佛寺、光头山的中上部等地的保护区西部大面积出露。

奥陶系：呈狭条带环状分布于寒武系地层之北，在黄家山一带呈袋状，由此向东向西变成条带状。其岩风化为灰岩、页岩和硅质岩。

志留系下统龙马溪群：为页岩、砂质页岩，呈弧形分布于奥陶系地层之北。干河的支流铁厂沟南侧、七里峡以及青木洞一带有大面积出露。

志留系下统罗若坪群：为细至粉砂岩、页岩、夹生物灰岩。大面积出露于保护区的中部，东、西鼓城山周围，并向东向西伸延出保护区境。

二叠系下统：为灰色厚层灰岩、夹砂质页岩和薄层煤。分布于东、西鼓城山以及保护区的北部地区，其南界大致是：东起城墙岩南侧，向西经中心岩—长梁咀—中山包—烂坝子北—刘家岩—韭菜岩—阎王碥—大红岩—青木洞向西出境。

第四系：由于区内坡陡谷窄，第四系堆积的沉积物在区内少见。河流冲积堆积物仅见于干河坝的一级阶地，几乎全是砾石堆积，干河坝河床目前布满砾石，从 10 月初至第二年雨季之前，河床干涸不见水，只见砾石，故名干河。鼓城乡政府驻地就在干河坝的阶地上。此外，在保护区西北角的庄家坝有冰积物，以终碛垅的形式堆积在坝的中部北侧，终碛垅高 7～8 m，长 20 m 左右。

1.1.3　地形地貌

1. 地貌特征

米仓山国家级自然保护区(图 1-2)境内，北面、西面高，南部低，北部和西部山岭海拔 2000 m 左右，最高峰位于东北角的城墙岩主峰，海拔 2281m，也是旺苍县境内的最高峰，西部边界的光头山海拔 2276 m，为区内第二高峰。宽滩河与其支流洞子沟的汇合处海拔 570 m，是区内的最低点。区内相对高差 1711 m。

1) 形成-成因分类

本区地貌类型按形态与成因可划分为三种类型(杜子荣等，1982)：岩溶单斜构造中山、侵蚀单斜构造中山、侵蚀断块中山。

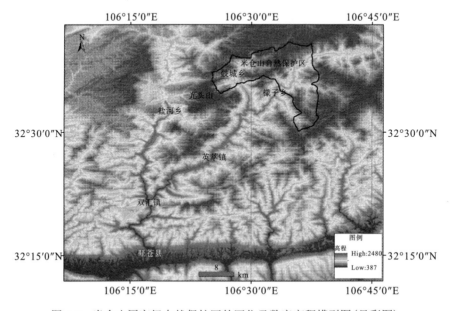

图1-2 米仓山国家级自然保护区的区位及数字高程模型图(见彩图)

岩溶单斜构造中山主要分布在东、西鼓城一带，以二叠系灰岩为主，为岭谷相间的单面山形态。灯影组白云岩及灰岩组成的单面山向西、向北缓倾，与侵蚀断块中山接界。因侵蚀、剥蚀和高角度逆冲断层而形成绵延不断、高200～300 m的陡崖峭壁，其顶部山脊呈峰丛式。二叠系灰岩组成的单面山向北倾斜，坡度25°～40°，其南侧逆倾坡很陡峻或成陡崖，亦高达200～300 m。嘉陵江灰岩组成南倾的单面山。灰岩、白云岩中岩溶作用发育程度弱—中等，所形成的岩溶地貌形态，在一定程度上改变了单面山的山脊、顺倾坡等的形态特征。溶沟、石芽、小漏斗与落水洞零星散布(图1-3)，局部有小溶蚀洼地；部分山脊呈峰丛状；大坝以北一带局部发育有长条形、分叉形的溶蚀谷地；东河上游河水在干河坝处潜入地下，地表成为干谷。局部有小型水平溶洞，洞径1～10 m，长亦仅200～300 m，无成层性。地下岩溶以溶蚀裂隙和小型孤立管道式溶洞暗河较发育，流量50～300 L/s不等，以岩溶大泉形式于顺倾坡接近侵蚀基准面处流出。岩溶单斜构造中山被河、沟深切侵蚀，多形成隘谷、嶂谷。

图 1-3　落水洞

　　侵蚀单斜构造中山分布于七里峡、鼓城乡一带,一般海拔为 1800～2000 m,西河河谷两侧附近降至 1300～1500 m。寒武系至志留系的页岩、粉砂岩、砂岩、硅质岩、砾岩及灰岩、泥灰岩等,组成总体向北西和向北倾斜的单斜构造,其上发育有很平缓的近东西向褶皱,被纵向次成沟、河切割侵蚀成单面山形态。砂岩、砾岩、硅质岩、灰岩构成山脊,多呈曲率较大的弧形顺岩层走向弯曲,总体走向以 NE-SW 为主,北部为近东西向;常呈现为高 100～200 m 的陡崖或似"峰丛"状。总体向北西和向北倾斜,顺倾坡多为岩层层面,坡度 20°～30°,逆倾坡陡,为 50°～60°。局部地段单面山不典型。纵、横向河深切,形成很多陡崖、绝壁和峡谷、嶂谷,地形十分陡峻,如东河上游的七里峡和干河坝以北的陡崖。西河局部发育有 1～4 级阶地。切割深度 600～1000 m,属中深切割中山。

　　侵蚀断块中山主要分布在檬子乡及其以北的区域,一般海拔为 1800～2200 m,为图幅内最高的河源山地区。总体地势东部高,向北、向南,尤其是向西逐渐降低,是本区最古老的断块状基底构成的中山区。元古界浅变质板岩、片岩等构成的复式向斜,由于晋宁期花岗岩、闪长岩等大规模侵入而被破坏,并使浅变质岩系普遍混合岩化。岩浆岩体为断块中山主要组成部分,山体形态与岩体形态基本一致。岩体较破碎,节理裂隙及绿帘石化等蚀变亦较发育,经长期风化剥蚀和侵蚀,山形和缓、峰脊浑圆;局部地区的花岗岩山体稍显陡峻,山峰呈尖圆形。山坡多呈弧形缓波状起伏,其上小水系及冲沟似羽状或环状分布。因长期风化,多有厚薄不等的风化壳及坡积物,主要是大小岩块和长石、石英砂粒。岩体区河谷呈宽敞"V"形,河床上陡崖裂点很少,局部发育有以大岩块为主的砾石河漫滩。变质岩组成的山体,峰脊较陡峻,坡面较平直,坡度较大。多峡谷,局部深切成嶂谷、隘谷,高达数十米至 200 m。断块中山被河流及支沟深切侵蚀,切割深度

1000 m，属中深切割中山。

2) *岩性-形态分类*

由于岩性的地域差异，以宽滩河为界，东南部与北部、西部的地貌形态特征截然不同：岩浆岩中低山峡谷山地、碳酸盐-砂页岩中山峡谷山地。

岩浆岩中低山峡谷山地：宽滩河以东的东南部地区，大面积出露吕梁运动时期的岩浆岩，发育岩浆岩中低山山地。经长期侵蚀、切割和夷平作用，形成山顶浑圆、山坡陡峻、河谷狭窄的中低山峡谷地貌。夷平面的特征表现明显，山顶平缓，面积一般在几百亩[①]，海拔 1500 m 左右，如烂草坪、鞍子坪、毛家坝、田家坪等。在支流的分水岭，有四周山岭包围、中间凹陷的岭顶山间小盆地，相对高差 100 m 左右，当地称之为"坝"，如金竹坝、上金竹坝、金场坝、易家坝、新田坝、水香树坝、袁坝子、红岩坝等。坝的面积一般在 100 hm² 以下，而保护区东南角的金场坝和宽滩支流小河里北面的易家坝，面积 150 hm² 左右，在坝的底部有面积不大的湿地。由于小溪沟的侵蚀、切割作用，而使夷平面发育成长条形的山梁，如斜柏树梁、李驼背梁、长梁子、横担梁、环担梁、罗家梁、岳家梁、中圈梁子、张家梁、新田梁等。河谷地貌无论是支沟还是主河道，均发育成狭窄河谷，在个别河段则形成峡谷，如檬子乡政府驻地上游 7 km 的大峡里，以及宽滩河支流岳溪河上游的黄金峡和小黄金峡等。

碳酸盐-砂页岩中山峡谷山地：宽滩河以北、以西地区，出露古生界滨海至深海沉积的碳酸盐岩和页岩、砂岩、硅质岩等，发育岩溶山地地貌与砂页岩中山峡谷山地。其特征各异：

(1) 岩溶山地地貌特征：米仓山处在我国南方与北方岩溶地貌的过渡地带，其岩溶地貌的发育过程与地貌形态都与南、北方不相同，加上保护区境内可浴性地层与页岩、砂岩等地层相间分布的特点，区内岩溶山地地貌具有下列特征。①条带状的峰丛：从保护区的东北角向西至大红岩，长达 10 km 以上发育条带状的峰丛，山峰呈锯齿状排列，海拔 2000～2200 m，峰肩相连，峰尖高出峰肩 200 m 以上，在峰肩以下，则为 200～300 m 的绝壁陡崖，从南望去，似一座巨大的城墙耸立在群山之上，其中东段最为典型，故为城墙岩(图 1-4)。②鼓状的峰丛：东鼓城山和西鼓城山海拔分别为 2065 m 和 2017 m，两者之间距数百米，呈圆柱状屹立于群山之上，高出周围页岩山地海拔 200～250 m，形似巨鼓。峰顶平缓，顶部面积分别为 57.6 hm² 和 46.7 hm²。其高度之高，规模之巨大，形态之迫真，在国内外岩溶地貌中实属罕见。东、西鼓城山成为保护区的标志。③溶洞发育：保护区内溶洞主要发育于厚层灰岩、白云质灰岩与隔水层页岩的接合部，区内的溶洞有 13 处(见表 1-1)，溶洞的海拔大多数分布在 1500 m 左右，与第三级夷平面相当，而

[①] 1 亩=666.7 平方米。

西鼓城山脚下的陈家洞和大红岩上部的大泓洞，其海拔为 1800 m 左右，相当于第二级古夷平面的高度。④暗河不多见：区内暗河仅见于保护区西北部的厚层灰岩，在烂坝子北面的卡门落水洞，汇合了长潭河和塔地沟后呈暗河形式向西南潜伏于地下，于大红岩下出口，长 6 km 左右(图 1-5)。⑤灰岩与页岩接触部多宽谷：主要分布于鼓城乡的北部，谷宽 150～200 m，底部平缓，谷坡较陡，如烂坝子、塔地沟、大坝口(皇帽山南)、庄房坝等，除烂坝子底部有一片沼泽地外，其余宽谷底部干涸，小水沟呈渠槽状，沟床底部低于坝面 50～100 cm。

图 1-4 城墙岩

表 1-1 米仓山国家级自然保护区的溶洞分布

溶洞名	所在位置	溶洞规模/m			备注
		高	宽	长	
塌地洞	鼓城乡关口村光明社	5	15	100	
洋鱼洞	鼓城乡关口垭岩下				
大马门洞	鼓城乡鼓城村 5 社大红岩下	10	5	900	
康家洞	鼓城乡鼓城村 5 社	7	12	200	
乔皮洞	鼓城乡鼓城村大红岩顶部				海拔 1800 m，东西贯穿大红岩中上部
陈家洞	西鼓城山脚下	6	7	300	海拔 1800 m，东西贯穿西鼓城山
刘家洞	鼓城乡鼓城村 5 社	5	8	300	
大泓洞	鼓城乡鼓城村 7 社	5	8	250	
狗爬洞	鼓城鱼儿河上游				
新洞子	檬子乡白杨村				洞内可容纳数万人
大曲口溶洞	檬子乡白杨村				
峡沟里溶洞	檬子乡白杨村				
楠木洞	檬子乡白杨村				

图 1-5　溶洞暗河

（2）砂页岩中山峡谷山地特征：砂页岩山地分布于区内中部和西部地区，海拔多在 1800 m 以下，个别山峰海拔在 2000 m 以上，如光头山，山坡下部陡峻，形成峡谷，如干河支流七里峡沟的七里峡，谷底宽 10～12 m，两岸陡岩直立，长达 5 km 左右，成槽谷形的峡谷。

2. 地貌的形成

从区内出露的地层和地貌特征来看，米仓山国家级自然保护区经历了多次的造山运动和漫长的夷平、侵蚀、切割等外营力的作用，才形成当今的面貌。

早在距今约 17 亿年的元古代，吕梁运动时期岩浆活动十分活跃，使本区东南部地区分布花岗岩、花岗斑岩、闪长岩等岩浆岩。同时，也使元古代基础发生变质。

在距今约 4 亿年的早古生代中志留纪以前，本区及其周围地区还未隆起为陆，仍是一片汪洋大海。加里东造山运动中（距今约 4 亿年）本区隆起为陆，长达 1.3 亿年之久。在距今 2.7 亿年的晚古生代，本区又受到海侵，再次成为海洋。直到距今 2.25 亿年的晚古生代末期的海西造山运动，本区又隆起为陆，从此结束了海侵的历史。

距今 1.8 亿年的中生代的印支造山运动和随后的燕山运动以及喜马拉雅运动，使本区不断抬升，同时，在强烈的夷平、侵蚀、溶蚀等外营力的作用下，形成了具有多级夷平面、多种岩溶地貌类型并存和坡陡谷窄的中低山峡谷地貌。

区内具有的三级夷平面是山地间断上升的见证。从高到低，各级夷平面的海拔分别为：第一级夷平面海拔 2000～2100 m，第二级夷平面海拔 1700～1800 m，第三级夷平面海拔 1400～1500 m。

溶洞和暗河的发育时代与夷平面的形成有可比之处。西鼓城山脚下的陈家洞和大红岩山上的大泓洞,分布的海拔为 1800 m 左右,与第二级夷平面的海拔相当,并且西鼓城山陈家洞就发育在灰岩与页岩(隔水层)的界面上,它们都是在中生代燕山运动以前形成的。城墙岩的陡岩也是同期形成的。燕山运动使山体抬升,侵蚀作用加剧,软地层被侵蚀夷平,两个溶洞则被高挂于山体之上。

其他的溶洞和落水洞、暗河的海拔与第三级夷平面基本一致,都是在中生代一新生代燕山运动以后形成的。七里峡也在该时期初具规模。

喜马拉雅运动时,本区山地继续上升,侵蚀切割作用更加强烈,使河谷更加狭窄,陡崖增高。当今新构造运动还十分活跃,使主河和支沟都极少发育河流阶地。

1.1.4 气候特点

米仓山国家级自然保护区地处我国亚热带与暖温带的过渡地带,但基带属北亚热带季风湿润气候。

1. 气温

据旺苍县气象台(站)的观测资料,鼓城乡干河坝的年平均气温为 13.5℃,属北亚热带。从旺苍县城气温与干河坝的资料计算得出,气温递减率为 0.6℃/100 m。因而,干河坝 1 月均温为 2.5℃,最暖月 7 月均温为 23.5℃。

根据气温递减率的推算,北亚热带的上限界线在海拔 1400～1500 m,这与地貌的第三级夷平面相一致。在此以上至山顶,为山地暖温带,年均温 5.3～10.6℃,1 月均温 0～5.3℃。由此看来,保护区的山地垂直气候带谱只有北亚热带和山地暖温带两个气候带。冬积雪线在海拔 1500 m 左右,积雪厚度仅几厘米,积雪时间 3～5 d。随海拔增高,积雪厚度增加,到海拔 2000 m 左右的第一级夷平面积雪深可达 30 cm 以上,积雪时间长达 30～35 d。

2. 降水

本区降水主要来自太平洋的暖湿气流,其次是来自印度洋的西南暖湿气流。年降水量为 1100 mm,主要集中于 6～8 月,占全年总降水量的 51.9 %;9～11 月占 27.9 %;12 月～翌年 2 月为干季,降水量仅占 2.4 %;3～5 月占 17.8 %。从降水的时间分布上看,本区具有四川盆地向我国北方过渡的性质。雨季多暴雨,秋季多夜雨,是四川省次多雨带之一(蒲孝荣,1993)。

3. 日照

本区多年平均日照时数为 1355～1500 h,南部多于北部,这是由于北部中山地区秋冬季多云,多阴天所致。全年日照百分率为 30 %左右。日照时数以 8 月最多，2月最少，4～9月的总日照时数占全年的64%左右。

1.1.5 水系分布

1. 地表水系

保护区地处嘉陵江水系东河的源头，水系发育，但由于地层岩性的地域分异，河流的发育和特征受到岩性的影响。区内的主要河流及其特征如下：

1)宽滩河

宽滩河是东河的上游，为保护区内的最大河流，发源于南江县上两区戴家河坝(海拔2200 m)，于白头滩、陈家岩入境。入境后由东北向西南流，经邓家地、沙湾子、烂柴坝、转咀上，此后转向南北流，经田家坪、下坝里、筏子滩，至大峡里转大弯向西北流，于洞子沟口出保护区境，折向西南流。境内流程约15 km，先后接纳8条支流(清水河、神仙沟、大峡口沟、白杨沟、苟家沟、关平沟、岳溪河和洞子沟等)，除岳溪河较长外，其余7条支沟的流程在4～5 km。

2)岳溪河

岳溪河发源于保护区东南角的金场坝，自源头至小黄金峡由东向西流，至大阴坡折向东，过黄金峡后，接纳木匠河，继续往东经黑松包、齐龙庙、观音岩、母猪峡，在母猪峡北接纳源于南江县境的青山包的厂河沟后，由东南向西北流，于筏子滩汇入宽滩河，全长14.8 km。岳溪河水系不对称，主要支沟均发育于东侧(右岸)，西侧(左岸)支沟极少。

3)干河

干河是发育于西部和北部碳酸盐岩、砂岩、页岩分布区的河流，发源于陕西省南郑县境的小冷坝，于关牛洞入境后，由东北向西南流，至卡门汇合了源于东、西鼓城山之间的塔地沟后，便以暗河的形式潜伏于地下，落水洞以上的上游叫长潭河，长7.5 km；暗河于大红岩脚下出露，暗河长约5 km。自大红岩出口后，继续向西南流，于青木洞折向南，流经水晶坝、唐家河、花房子、干河坝，然后于关口垭折向东南，接纳黑沟里后向南流，于两河口汇入宽滩河。干河境内长21 km，其中暗河长5 km。

七里峡沟发源于何家坝，自北向南流，于马家坝汇合铁厂沟后向西南流，于水晶坝入干河；黄家沟发源于保护区西部东河与西河分水岭的东歧，自西向东流，于干河坝上游1.5 km处汇入干河，流程5.2 km；金竹沟发源于光头山东北面的朱家垭，自西南向东北流，于干河坝场口汇入干河，全长3.4 km；神龙沟发源于光头山的东坡江家坡，自西南向东北流，于关口垭北汇入干河，流程3.8 km；黑沟里发源于石板桠西南，自东北向东南流，于关口桠汇入干河，全长 4.2 km。

2. 地下水

保护区境内地下水按其性质分为以下两大类：

1) 岩浆岩风化带裂隙水

分布于保护区的东南部，与岩浆岩分布区域相一致。其水文地质特征可分为两类：一是闪长岩等裂隙不发育但风化强烈，露头多呈砂土状，风化层厚 10～25 m，地下水在沟谷低处以片状和线状渗出，很少集中成股状排泄；二是花岗岩类，以垂直裂隙为主的各组裂隙发育，除风化带水以外，裂隙集中成股排泄的泉点稍多，但涌水量不大，一般涌水量 0.01～0.5 L/s。水化学类型为重碳酸混合型水，矿化度 0.05～1.0 g/L。据资料报道，这类地下水分布区属大骨节病分布区。

2) 碳酸盐岩岩溶水

按溶洞、溶河的发育程度可将区内的岩溶水分为三类。

溶洞、暗河强烈发育的岩溶水：发育于二叠系栖霞、茅口厚层灰岩中，以管流为主，部分形成脉状管道系统。暗河流量常在 200 L/s 以上，其中大红岩暗河出口流量为 368.6 L/s，一般泉流量为 1～50 L/s。

溶洞、暗河中等发育的岩溶水：发育于震旦系灯影组白云岩，管流发育，大泉流量 50～200 L/s，如鼓城乡关口垭上升泉流量为 200 L/s，鼓城乡场上游 2 km 的唐家河下降泉流量为 107.3 L/s，一般泉流量为 1～30 L/s。

溶洞、暗河不发育的岩溶裂隙水：包括元古界麻窝子组白云岩、白云质灰岩，寒武系中统白云质灰岩，奥陶龟裂纹灰岩、泥灰岩、白云质灰岩，泉水流量为 0.1～5 L/s。

碳酸盐岩岩溶水的水化学型为重碳酸钙、镁型水（HCO_3-Ca-Mg）和重碳钙型水（HCO_3-Ca），矿化度小于 0.1g/L。

1.2　土　壤　分　布

1.2.1　成土母岩

成土母质主要有三大类：一是岩浆岩风化物，主要分布于宽滩河以东的东南部地区，风化层厚达 10 m 以上；二是古生代寒武系、奥陶系、志留系砂岩、页岩、砂质页岩、硅质岩的风化物，厚度小于 1 m；三是元古界和古生界碳酸盐岩残积物，主要分布于宽滩河以北、以西的地区，碳酸盐岩山地岩石裸露，残积物多停留在岩穴中或岩缝隙中。

1.2.2　土壤类型、性质及其分布

保护区内的土壤类型可分为两大类(何毓蓉，1991)：黄壤和黄棕壤。

1. 黄壤

黄壤又叫山地黄壤，是保护区的地带性土壤。分布于海拔 1500 m 以下的低山。成土母质为岩浆岩风化物，砂岩、页岩风化物。土壤剖面性态特征：枯枝落叶层厚 5～10 cm，表土呈棕黑色，厚 10～15cm，松散，干或润，有机质含量 15 %～20 %以上。因此，属四川山地黄壤中的腐殖质性黄壤。心土呈淡黄色或棕黄色，厚 15 cm 左右，块状，润。底层为母质层，呈黄色或灰褐色，与风化物一致。

在山地黄壤地段，有受母岩影响较深的紫色土和石灰土，广泛分布马尾松、柏树林、大片的落叶栎类林和马桑、黄荆、黄栌等组成的灌丛。

2. 黄棕壤

黄棕壤分布于海拔 1500 m 以上的中山地带。成土母质有岩浆岩风化物，砂岩、页岩风化物，前者分布于东南部地区，后者分布于北部和西部。土壤剖面性态特征：枯枝落叶层厚 6～8 cm，表土厚 15～20 cm，呈暗黑色，松散，粉砂状，润或干，有机质含量在 15 %以上；心土厚 10 cm 左右，呈黄棕色或暗棕色，紧实，块状结构；底土为成土母质，颜色多为浅灰色或淡黄色。在碳酸盐岩出露地段，土壤剖面无分层性，除枯枝落叶层外，其下均为棕黑色土层。因岩石以化学风化为主，而且多陡岩，除城墙岩顶部和东、西鼓城山顶部有较厚的土层外，其余岩溶山地的土壤仅见于岩穴、草丛、树根附近。

山地黄棕壤占有中上部山体的绝大部分，包括大面积的酸性、中酸性岩浆岩及石灰岩分布区，有多种水青冈、青冈、细叶青冈、油松等组成的常绿与落叶混交林，局部地区出现石砾、多穗石栎等组成的阔叶林，小面积的针阔叶混交林及华松纯林。

1.3　植　被　分　布

1.3.1　植被的分区及其特点

参照《四川植被》（1980）对植被分区的基本原则和依据，采用植被区、植被地带、植被地区和植被小区四级植被分区单位来划分四川米仓山国家级自然保护区植被，该自然保护区的植被区划属于：

亚热带常绿阔叶林区

  I. 川东盆地及西南山地常绿阔叶林地带

    IA. 川东盆地偏湿性常绿阔叶林亚带

      IA_5. 盆地北部中山植被地区

        $IA_{5\,(2)}$. 米仓山植被小区。

  根据《四川植被》(1980) 对米仓山植被小区的特点分析，该植被小区位于大巴山西部，西端以龙门山为界，与盆边西部中山植被地区相接，东端以万源为界，与上一植被小区相接。包括通江、南江、旺苍、广元、青川和万源部分地区。但其西北有龙门山、东北有米仓山，均为中切割的中山。其基质以石灰岩为主，与盆地相接部分有砂页岩。一般山麓地带气温较高，东部以南江为例，海拔 527 m，年均温 16.3℃，年降水量 1050.1 mm；山区以西部的青川为例，海拔 950 m，年均温 13.8℃，年降水量 1235.8 mm。植被主要特征是由包果柯 (*Lithocarpus cleistocarpus*)、曼青冈 (*Cyclobalanopsis oxyodon*)、细叶青冈 (*Cyclobalanopsis gracilis* (Rehd. et Wils.) Cheng et T. Hong)、多穗石栎 (*Lithocarpus polystachyus*) 组成的常绿阔叶林。灌木以箬叶竹 (*Indocalamus longiauritus*) 和木竹 (*Bambusa rutila*) 为主，多分布在地形陡峭不易垦殖的深沟河谷地区。由于气温偏低，降雨量偏少，石灰岩基质的透水性强，因此林内喜温湿的阔叶树种很少。海拔 1300~2000 m 的山地黄棕壤地段有多种水青冈和多种鹅耳枥 (*Carpinus cordata* var. *chinensis*、*C. fargesiana*、*C. turczaninowii*)、三桠乌药 (*Lindera obtusiloba*)、青冈 (*Cyclobalanopsis glauca*)、细叶青冈、光亮山矾 (*Symplocos lucida*) 等组成的常绿与落叶阔叶混交林。而在个别地段上还出现以多种水青冈组成的落叶阔叶林，华山松林也有一定面积分布。由巴山冷杉组成的亚高山常绿针叶林分布界限较东部植被小区低，出现于海拔 2000~2200 m 以上。与盆地相接的丘陵低山，除有广泛分布的马尾松 (*Pinus massoniana*) 林、柏木 (*Cupressus funebris*) 林外，还有大片的落叶栎类林和马桑 (*Coriaria nepalensis*)、黄荆 (*Vitex negundo*)、黄栌 (*Cotinus coggygria*) 组成的灌丛。漆树 (*Toxicodendron verniciḟluum*)、茶树 (*Camellia sinensis*)、白蜡树 (*Fraxinus chinensis*) 也多有栽培。栽培植被中的作物以水稻、玉米为主，其次是红苕、小麦和豆类。水稻主要分布在低山宽谷和浅丘台地，玉米多分布在低山或中山之坡地上。(《四川植被》协作组，1980)

1.3.2 植被类型

  米仓山国家级自然保护区地处四川盆地的北部边缘，系亚热带向暖温带过渡的地区，其植被及生境都具有显著的过渡特征。常见的植被类型有：

1. 常绿阔叶林

常绿阔叶林是保护区的地带性植被类型，分布于保护区南部海拔1300 m以下，主要见于沟谷和陡崖地段。由于该植被类型多处于人类活动频繁地带，受人类活动的强烈干扰，原生面貌已极大改观，群落多由稀疏的大树和萌生小树所组成，原生群落极零星罕见。组成常绿阔叶林的树种主要有山楠（*Phoebe chinensis* Chun）、宜昌润楠（*Machilus ichangensis*）、油樟（*Cinnamomum longepaniculatum*）、细叶青冈（*Cyclobalanopsis gracilis*）、包果柯（*Lithocarpus cleistocarpus*）等樟科和山毛榉科的常绿树种。

2. 常绿、落叶阔叶混交林

常绿、落叶阔叶混交林是乔木层以常绿阔叶和落叶阔叶树种共同组成的混交林类型，分布海拔为1200～1500 m。由于该植被类型处于常绿阔叶林分布的海拔之上，群落常以山毛榉科植物为建群种，常绿树种多是耐寒性较强的种类，如细叶青冈、泥柯（*Lithocarpus fenestratus*）、包果柯、刺叶高山栎（*Quercus spinosa*）以及狭叶冬青（*Ilex fargesii*）、猫儿刺等，落叶树种主要是多种栎属（*Quercus*）植物以及板栗，其他常见的落叶树种为盐肤木（*Rhus chinensis*）、漆树（*Toxicodendron vernicifluum*）、黄连木（*Pistacia chinensis*）、黄檀（*Dalbergia hupeana*）、化香树（*Platycarya strobilacea*）等。群落一般分乔木层、灌木层和草本层，藤本植物较常绿阔叶林内少。

3. 落叶阔叶林

落叶阔叶林（图1-6）是由冬季落叶的阔叶树种所组成的森林群落，也称"夏绿林"。它不仅是气候温和湿润的温带地区的主要森林，在亚热带山地中也是十分常见的植被类型。由不同建群种组成多种群落的落叶阔叶林，在保护区内广泛分布而成为区内森林植被的主体。组成落叶阔叶林的优势种在低海拔地段是以山毛榉科栎属（*Quercus*）的栓皮栎（*Quercus variabilis*）、麻栎（*Q. acutissima*）、枹栎（*Q. glandulifera*），栗属（*Castanea*）的板栗（*Castanea mollissima*）和茅栗（*C. seguinii*），桦木科桤木属（*Alnus*）的桤木（*Alnus cremastogyne*）为主；海拔较高处则是水青冈属（*Fagus*）的台湾水青冈、水青冈以及亮叶水青冈、米心水青冈（*Fagus engleriana*），桦木属（*Betula*）的红桦（*Betula albosinensis*）和糙皮桦（*B. utilis*）等树种。在落叶阔叶林的群落中，常有马尾松（*Pinus massoniana*）、杉木（*Cunninghamia lanceolata*）、华山松（*P. armandii*）、巴山松（*P. tabuliformis* var. *henryi*）和油松（*P. tabulifomis*）等常绿针叶树种渗入。

图 1-6　落叶阔叶林(水青冈林)

4. 山地常绿针叶林

山地常绿针叶林系分布于低、中山地带，是以常绿针叶树种为建群种的森林植被。在保护区内的山地该植被类型分布也很普遍。山地常绿针叶林植被类型分布在保护区的山地中，它有着最佳热量条件，但多数群落所处的局部生境却大都是贫瘠和干旱的环境。该类型主要由杉木、柳杉(*Cryptomeria japonica* var. *sinensis*)、柏木、华山松、巴山松、油松、秦岭冷杉(*Abies chensiensis*)等所组成的杉木林、柳杉林(图 1-7)。

图 1-7　针叶林(杉木林)

5. 针叶、落叶阔叶混交林

针叶、落叶阔叶混交林（图 1-8）是由常绿针叶、落叶阔叶两类树种混生在一起，并共同构成群落建群种的森林群落。在山地植被垂直分布中，它们一般处于针叶林与阔叶林之间的过渡地带，是由于两类树种的相互渗透而形成的植被类。构成保护区内的针叶、落叶阔叶混交林，主要是常绿针叶树种铁杉与槭（Acer）、桦木（Betula）等落叶阔叶树种。在保护区内该类型主要分布于北部海拔 2000 m 以上的山坡。

图 1-8　针叶、落叶阔叶混交林（水青冈、华山松、油松林混交林）

6. 暖性丘陵低山竹林

暖性丘陵低山竹林在我国北纬 25°～37°间的平原和低山均有分布，是我国竹林面积最大、竹类资源较多的地带。但在保护区内，因这种温暖湿润的低海拔丘陵低山面积不大，该区域的竹林主要由慈竹（Bambusa emeiensis）、斑竹（Phyllostachys reticulata）、水竹（P. heteroclada）、阔叶箬竹（Indocalamus latifolius）等组成（图 1-9）。以中等立地条件和中等经营水平的条件下，胸径 6 cm 以上者为大茎竹，小于 6 cm 者为小茎竹的竹林分类的习惯标准，慈竹林和斑竹林为大茎竹林，水竹林和阔叶箬竹林为小茎竹林。

图 1-9　暖性丘陵低山竹林(斑竹林)

7. 温性山地竹林

温性山地竹林(图 1-10)在保护区内主要分布于海拔 1500 m 以上气温较低、湿润、云雾大的山地。该类型的竹林为天然类型,虽然其组成的竹种在保护区分布极普遍,但却都为原森林植被的林下灌木层,是因上层植被被破坏后所形成的植被类型,故分布十分零星,并呈小块。保护区的温性山地竹林主要有巴山木竹、箭竹等。

图 1-10　温性山地竹林(箭竹林)

8. 山地次生灌丛

山地次生灌丛(图 1-11)是常绿阔叶林、常绿与落叶阔叶混交林分布范围内的次生的、不稳定的植被类型。该植被类型从保护区内南部河谷的最低海拔800 m，直到海拔2200 m的山坡，所有森林分布的地方均有分布，由于森林受到破坏，这些迹地便成为多种灌木的新的繁衍地，因而形成了多种次生灌丛。虽然山地次生灌丛分布极为普遍，类型也较为复杂多样，但在保护区这种森林植被发育较佳的环境中，山地次生灌丛也是极零星的小块出现。

图 1-11   山地次生灌丛

9. 暖性低山丘陵灌草丛

组成低山丘陵灌草丛(图 1-12)的建群层片的优势植物是中生和旱中生多年生禾草类和蕨类物，以及稀疏散生于群落中中生和旱中生的落叶灌木。群落是由于所在地段的原森林被破坏，引起生境改变，在近期难以自然演替为灌丛或森林群落的次生植被。保护区内的低山丘陵灌草丛主要由禾草灌草丛和蕨类灌草丛两种类型所组成。

图 1-12   暖性低山丘陵灌草丛(蕨类灌草丛)

第2章 样方设置与野外调查

2.1 样 方 设 置

2.1.1 样地选取

根据台湾水青冈散生或团状分布,且连片分布面积较大的特点,采用典型抽样法进行调查。在确定样地时,首先在森林分布图上根据米仓山国家级自然保护区所辖立地因子数据和台湾水青冈的生态生物学特性,参考原有调查资料和文献,与保护区林业人员共同确定调查样地的拟定位置(经度,纬度,坡向、坡位等)。随后在2014 年 4 月在野外用全球定位系统(GPS)找到拟定样地所处的实际位置并予以实地踏查,最后根据踏查结果予以确定设立台湾水青冈样地 18 个。样地位置见图 2-1。

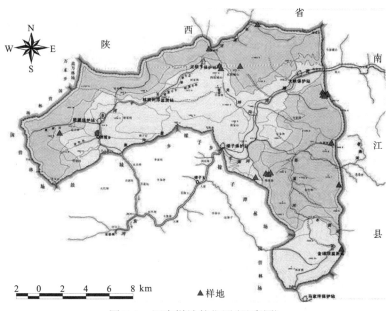

图 2-1 调查样地的位置(见彩图)

2.1.2 样方设置

样方数量:样方的设置不能跨越河流、道路或伐开的调查线,并远离林缘,或者至少应距林缘为一倍林分平均高的距离。在混交林中,样方考虑其树种、林分的密度分布应均匀。2015年7月，我们在前期踏查基础上，选取样地范围内有代表性的地段共设置样方18个(每个样地1个样方)。

样方大小：根据2014年4月的野外试点调查，按照生态学中最小面积法确定乔木层的样方面积为20 m×30 m，灌木层样方面积为5 m×5 m，草本层样方面积为1 m×1 m(图2-2～图2-4)。

图2-2　乔木样方

图2-3　灌木样方

图 2-4　草本样方

具体的样方信息见表 2-1。

表 2-1　四川米仓山自然保护区台湾水青冈(*Fagus hayatae*)群落样方信息表

样地	地点	经度	纬度	坡向	坡度/(°)	干扰状况	枯枝层/cm	海拔/m
1	牛撒尿	E106°39′15.01″	N32°31′10.80″	南	45	中	5.00	1764
2	下南天门	E106°40′06.09″	N32°34′10.00″	南	45	轻	5.00	1601
3	瓦窑湾	E106°38′11.44″	N32°38′10.28″	东南	64	无	3.00	1629
4	横断梁 01	E106°35′34.84″	N32°34′36.80″	东南	70	无	4.00	1565
5	厂河沟	E106°39′17.03″	N32°36′04.40″	北	60	轻	4.00	1781
6	牛肋巴湾	E106°35′47.54″	N32°34′38.35″	东南	65	无	4.00	1606
7	大屋基湾	E106°38′17.38″	N32°38′11.65″	东南	68	无	2.00	1720
8	窑梁上	E106°35′05.82″	N32°34′26.15″	东	70	无	5.00	1698
9	盘海石脚	E106°35′08.28″	N32°31′23.64″	东北	12	轻	4.20	1790
10	黄柏林垭	E106°34′23.01″	N32°39′29.64″	西北	25	无	5.00	1896
11	踏拔河	E106°33′30.04″	N32°39′23.40″	东南	40	轻	4.80	1798
12	厂湾里	E106°38′24.04″	N32°38′13.99″	东南	63	无	3.00	1751
13	卧合石	E106°38′10.97″	N32°38′19.07″	东南	45	无	3.00	1628
14	横断梁 02	E106°35′41.35″	N32°34′34.50″	东南	72	无	2.00	1595
15	前后堂下侧	E106°38′16.87″	N32°38′08.09″	东南	48	无	3.00	1683
16	大湾里	E106°36′03.48″	N32°36′27.14″	西	65	无	5.00	1708
17	老林沟	E106°33′25.08″	N32°39′30.42″	西北	18	轻	4.20	1780
18	乌滩	E106°32′56.06″	N32°40′16.70″	东	35	轻	5.00	1775

2.2　野　外　调　查

2.2.1　生态因子调查

在确定的样方位置记录和调查相关的生态因子。首先在样方中心位置使用GPS 仪记录该样方的经度、纬度和海拔，使用罗盘仪测定坡度和坡向。根据样方的实际情况记录样方所在的地名、坡位（上坡、中坡、下坡和坡麓）、群落高度、土壤类型、干扰状况（方式和程度），同时测量群落中的大气温度、相对湿度和群落郁闭度（图 2-5）。

图 2-5　样方环境基本信息记录

土壤类型调查时选取群落中具有代表性的地点挖掘土壤剖面，记录枯枝落叶层厚度、腐殖质层厚度和土壤厚度。取土时，在土壤剖面上分淋溶层、积淀层、母质层取样。若土层厚度超过 1 m，发育层次不明显的分上、中、下层取样，共计 123 个土壤样品（图 2-6）。取土结束后，送至西南大学资源环境学院研究室测定 pH 值、有机质、全氮、碱解氮、有效磷、速效钾、交换钾、交换钠、交换钙、交换镁、交换性酸、阳离子交换量、有效铜、有效锌、有效铁、有效猛、有效钙和有效镁等 18 个理化指标。测定方法参考鲁如坤编的《土壤农业化学分析方法》。

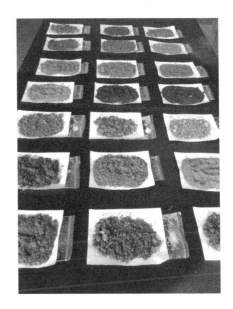

图 2-6　土壤的剖面与样品

2.2.2　物种种类和数量调查

在选定的调查样方(20 m ×30 m)内，采用每木调查法，逐一记录每株乔木的树高、胸径、冠幅(图 2-7)。

图 2-7　乔木调查与记录

在调查样方的四角，分别设立 4 个 5 m × 5 m 的灌木样方，高度小于 3 m 的幼树归入灌木层，灌木层记录植物种类、多度、种盖度等指标。

在每个灌木样方中，随机设立 1 个 1 m × 1 m 的草本样方，记录样方内出现的草本植物种类、多度、种盖度等指标。

2.2.3 标本的采集和制作

运用野外线路调查采集的方法，对不同生境中具有代表性的植株进行标本采集。标本采集前详细记载被采集植株的生长环境，标本采集后及时编号并挂上小标签。及时整形压制防止变形(图 2-8)。

图 2-8 标本压制

第3章 台湾水青冈的群落分布特点

植物群落的空间分布是生长在某一地区的植物与其生境之间长期相互作用的结果（Legendre and Fortin，1989；Burke，2001；张文辉等，2004），也是生态学家们研究的重要内容（Legendre and Fortin，1989；Brooker，2006；Clark et al.，2007；Zhang et al.，2012）。从较大尺度上来看，气候类型决定了植物群落的类型和分布；而从较小尺度来看，地形、土壤、生物等因素之间的相互作用往往对植物群落的分布起着决定作用（沈泽昊和张新时，2000；宋创业和郭柯，2007；沈泽昊等，2008）。从现有的资料来看，许多学者已从物种多样性（翁东明等，2009）、密度制约效应（丁文勇等，2014）以及生境与其种群更新的关系（郭瑞等，2014）等多个不同的角度对台湾水青冈群落进行了分析，发现台湾水青冈群落具有物种丰富、多样性高、自然更新良好的特点。然而这些研究却多集中于沿海地区，针对分布于内陆地区的台湾水青冈群落的研究却并不多见。

四川米仓山国家级自然保护区地处米仓山—大巴山山脉西段南坡，地理范围在北纬 32°29′~32°41′，东经 106°24′~106°39′，总面积 23400 hm²，年均温 13.5~16.5℃，年降水量 1100~1400 mm，是我国南北气候和生物的交汇过渡地带，为南北间的交流提供了重要的桥梁和纽带作用。鉴于台湾水青冈群落在保护区内呈斑块状分布且与沿海地区相距较远，因此很可能分布于该区域的台湾水青冈群落已具有明显的适应当地气候环境条件和土壤条件的地域特征。

为了深入地了解台湾水青冈群落在该区域的分布特征，我们采用样线和样方相结合的方法对不同水平、海拔梯度、坡度及坡向的台湾水青冈群落进行调查，以揭示其分布特点及生存现状，为该类植物的保护和发展提供理论参考。

3.1 台湾水青冈群落的水平分布

植物群落的水平分布是指植物群落在水平方向上的分布格局，是植物对环境长期适应与选择的结果（Gittins，1985；张文辉等，2004）。台湾水青冈（F. hayatae）属壳斗科（Fagaceae）水青冈属（Fagus）的落叶乔木，也是我国本属植物分布最南的一个种，为国家二级重点保护植物（陈子英等，2011）。然而近年来却在远离沿海的四川米仓山国家级自然保护区发现有大片的台湾水青冈林分布（陈坚，2014）。为此，为探究台湾水青冈群落在该区域水平方向上的分布状况，了解群落内、群落间以及群落与生境间的相互作用机制，预测其变化趋势，我们采用 GIS 以及 PRIMER5.0（周红和张志南，2003；杨少荣等，2010)群落结构的相似性分析等软件对该区域进行了研究，发现在水平方向上台湾水青冈群落主要集中分布于保护区的东部和北部，且其中的牛撒尿、牛肋巴湾、大屋基湾、踏拔河等 4 个类群的差异最为显著。

3.1.1　大屋基湾台湾水青冈群落分布特点

样地调查结果显示，分布于大屋基湾区域的台湾水青冈群落中的乔木层、灌木层和草本层 3 层分化明显，壳斗科(重要值 79.34)为群落的优势科。乔木层以壳斗科(Fagaceae)和冬青科(Aquifoliaceae)植物为主，胸径在 8cm 以上的树种有 4 种，分别为台湾水青冈(*Fagus hayatae*)、米心水青冈(*Fagus engleriana*)、锐齿槲栎(*Quercus aliena* var. *acutiserrata*)和猫儿刺(*Ilex pernyi*)。而台湾水青冈因在相对密度(41.67%)、相对显著度(46.31%)、相对频度(31.82%)以及重要值(39.93)等方面显著高于其他树种，故为该群落的建群种；米心水青冈仅次于台湾水青冈，其重要值为 26.56，为该群落的优势树种；锐齿槲栎和猫儿刺的重要值相对较小，合计为 25.05(表 3-1)。

表 3-1　大屋基湾台湾水青冈林乔木层树种的重要值

| 序号 | 树种 | 株数/株 | | | 高度/m | | 平均冠幅/m² | 胸径/cm | 总盖度断面积/m² | 频度/% | 相对密度/% | 相对显著度/% | 相对频度/% | 重要值 |
		I林层	II林层	合计	I林层	II林层								
1	台湾水青冈	8	7	15	24.29	14.00	56.52	25.07	0.94	100.00	41.67	46.31	31.82	39.93
2	米心水青冈	6	7	13	23.07	17.13	58.28	23.58	0.70	28.57	36.11	34.48	9.09	26.56
3	锐齿槲栎	1	3	4	20.20	18.50	57.25	29.34	0.28	42.86	11.11	13.79	13.64	12.85
4	猫儿刺	0	3	3	0	8.50	1.90	8.06	0.02	85.71	8.33	0.99	27.27	12.20
5	枯立木	0	1	1	0	8.90	—	10.49	0.09	57.14	2.78	4.43	18.18	8.46
	合计	15	21	36	67.56	67.03	173.95	96.54	2.03	314.28	100.00	100.00	100.00	100.00

此外，为缓和群落各种群间对有限的光照、空间、水分以及矿质营养等资源的争夺，扩大植物对生存环境的利用范围，增强同化功能的效率，大屋基湾的台湾水青冈群落在垂直方向上形成了明显的成层现象，各层次的树种高低差异显著，林冠线起伏较大，仅乔木层就可分为两层(I 林层和 II 林层)。其中，I 林层为主林层，主要由壳斗科的台湾水青冈、米心水青冈和锐齿槲栎等落叶阔叶树种组成，林高 20~25 m，台湾水青冈以其较大的断面积盖度(0.94 m²)和冠幅(56.52 m²)成为 I 林层的优势种；II 林层主要由冬青科的猫儿刺组成，其中猫儿刺为优势种，断

面积盖度为 0.02 m², 冠幅为 1.90 m²。林下灌木层则主要以箭竹 (*Fargesia spathacea*) 为优势种, 并伴生有少量的猫儿刺 (*Ilex pernyi*)、荚蒾 (*Viburnum dilatatum*)、四照花 (*Cornus kousa* subsp. *chinensis*)、两面针 (*Zanthoxylum nitidum*)、卫矛 (*Euonymus alatus*)、鞘柄菝葜 (*Smilax stans*)、木姜子 (*Litsea pungens*)、化香树 (*Platycarya strobilacea*) 等树种。草本层受高密度的箭竹影响较大, 物种种类少、多样性低, 以耐阴的蕨类和莎草科植物为主。

3.1.2　踏拔河台湾水青冈群落分布特点

样地调查结果显示, 分布于踏拔河区域的台湾水青冈群落, 乔木层、灌木层和草本层 3 层分化明显, 壳斗科 (重要值 69.24) 为群落的优势科。乔木层以壳斗科 (Fagaceae) 和冬青科 (Aquifoliaceae) 植物为主, 胸径在 8cm 以上的树种有 7 个, 分别为台湾水青冈 (*F. hayatae*)、鬐萌锥 (*Castanopsis fissa*)、铁杉 (*Tsuga chinensis*)、猫儿刺 (*Ilex pernyi*)、绒毛杜鹃 (*Rhododendron pachytrichum*)、山茶 (*Camellia japonica*)、高山栎 (*Quercus semicarpifolia*)。而台湾水青冈因在相对密度 (58.33%)、相对显著度 (81.10%)、相对频度 (23.53%) 以及重要值 (54.32) 等方面显著高于其他树种, 故为该群落的建群种; 鬐萌锥仅次于台湾水青冈, 其重要值为 12.15, 为该群落的优势树种; 其他树种 (不含枯立木) 的重要值相对较小, 合计为 28.68 (表 3-2)。

表 3-2　踏拔河台湾水青冈林乔木层树种的重要值

序号	树种	株数/株		合计	高度/m		平均冠幅/m²	胸径/cm	总盖度断面积/m²	频度/%	相对密度/%	相对显著度/%	相对频度/%	重要值
		I 林层	II 林层		I 林层	II 林层								
1	台湾水青冈	21	7	28	26.71	17.97	78.84	35.50	3.34	100.00	58.33	81.10	23.53	54.32
2	鬐萌锥	5	0	5	27.30	0	49.45	35.30	0.59	50.00	10.43	14.26	11.77	12.15
3	铁杉	0	4	4	0	13.00	3.38	13.54	0.06	50.00	8.33	1.53	11.77	7.21
4	猫儿刺	0	4	4	0	8.00	4.51	8.85	0.03	100.00	8.33	0.66	23.53	10.84
5	绒毛杜鹃	0	3	3	0	5.17	12.92	11.36	0.03	25.00	6.25	0.75	5.88	4.29
6	山茶	0	2	2	0	6.25	3.42	9.63	0.03	25.00	4.17	0.66	5.88	3.57
7	高山栎	0	1	1	0	11.00	15.00	13.21	0.03	25.00	2.08	0.34	5.88	2.77
8	枯立木	0	1	1	0	9.00	—	6.05	0.03	50.00	2.08	0.70	11.76	4.85
	合计	26	22	48	54.01	70.39	167.52	133.44	4.12	425.00	100.00	100.00	100.00	100.00

此外, 为了缓和群落各种群间对有限的光照、空间、水分以及矿质营养等资源的争夺, 扩大植物对空间环境的利用范围, 增强同化功能的效率, 踏拔河地区

的台湾水青冈群落不仅与其他 3 个群落相比具有物种丰富的特点，且群落垂直结构明显，各层次的树种高低差异显著，林冠线起伏大，仅乔木层就可分为两层(Ⅰ林层和Ⅱ林层)。其中，Ⅰ林层为主林层，主要由壳斗科的台湾水青冈、鹅耳枥等落叶阔叶树种组成，林高 25～30m，台湾水青冈以其较大的断面积盖度($3.34\ m^2$)和冠幅($78.84\ m^2$)成为Ⅰ林层的优势种；Ⅱ林层主要由其余相对较矮的 6 个树种组成，猫儿刺以其较高的断面积盖度($0.03m^2$)和冠幅($4.51\ m^2$)成为该层的优势树种。林下灌木层则主要以山茶为主(冠幅 $3.42\ m^2$，断面积盖度 $0.03\ m^2$)，并伴生有少量的猫儿刺(*Ilex pernyi*)、华山松(*Pinus armandii*)、卫矛(*Euonymus alatus*)的幼苗，此外还有鞘柄菝葜(*Smilax stans*)和箭竹(*Fargesia spathacea*)等物种。草本层物种少(仅有少量土麦冬存活)、覆盖度低(小于 1%)。

3.1.3　牛撒尿台湾水青冈群落分布特点

调查表明，分布于牛撒尿区域的台湾水青冈群落，乔木层、灌木层和草本层 3 层分化明显，壳斗科(重要值 77.34)为群落的优势科。乔木层以壳斗科(Fagaceae)和冬青科(Aquifoliaceae)植物为主，胸径在 19cm 左右的树种有 12 个，分别为台湾水青冈(*Fagus hayatae*)、米心水青冈(*F. engleriana*)、四川杜鹃(*Rhododendron sutchuenense*)、麻栎(*Quercus acutissima*)、杜鹃(*Rhododendron simsii*)、马尾松(*Pinus massoniana*)、猫儿刺(*Ilex pernyi*)、细叶青冈(*Cyclobalanopsis gracilis*)、华山松(*Pinus armandii*)、柳叶栎(*Quercus phellos*)、木姜子(*Litsea pungens*)、柯(*Lithocarpus glaber*)。而台湾水青冈因在相对密度(39.09%)、相对显著度(63.81%)、相对频度(17.02%)以及重要值(39.97)方面显著高于其他树种，故为该群落的建群种；米心水青冈仅次于台湾水青冈，其重要值为 25.66，为该群落的优势树种；其他树种的重要值相对较小，合计为 34.37(表 3-3)。

此外，为缓和群落各种群间对有限的光照、空间、水分以及矿质营养等资源的争夺，扩大植物对空间环境的利用范围，增强同化功能的效率，牛撒尿地区的台湾水青冈群落虽与其他 3 个群落相比具有较少的物种数，但群落的垂直结构明显，各层次的树种高低差异显著，林冠线起伏大，仅乔木层就可分为两层(Ⅰ林层和Ⅱ林层)。其中，Ⅰ林层为主林层，主要由壳斗科的台湾水青冈、米心水青冈以及麻栎等落叶阔叶树种组成，树高在 15～20 m，台湾水青冈又以其较大的断面积盖度($7.67\ m^2$)和冠幅($59.41\ m^2$)成为Ⅰ林层的优势种；Ⅱ林层主要由其余相对较矮的 9 个树种组成，其中四川杜鹃为优势种，断面积盖度为 $0.27m^2$，冠幅为 $0.54m^2$。林下灌木层主要以高度为 0.2～4 m 的植物为主，其中细叶青冈的冠幅($6.00\ m^2$)和断面积盖度($0.09\ m^2$)较高，为该层的优势种，并伴生分布有少量的红果黄肉楠(*Actinodaphne cupularis*)、十大功劳(*Mahonia fortunei*)、杜鹃以及米心水青冈等物种的幼苗。草本层物种数少，以蕨类和莎草科种类植物为主。

表 3-3 牛撒尿台湾水青冈林乔木层树种的重要值

| 序号 | 树种 | 株数/株 | | 合计 | 高度/m | | 平均冠幅/m² | 胸径/cm | 总盖度断面积/m² | 频度/% | 相对密度/% | 相对显著度/% | 相对频度/% | 重要值 |
		I 林层	II 林层		I 林层	II 林层								
1	台湾水青冈	19	24	43	19.32	10.31	59.41	37.64	7.67	100.00	39.09	63.81	17.02	39.97
2	米心水青冈	17	26	43	19.03	9.44	43.93	28.07	3.02	75.00	39.09	25.12	12.77	25.66
3	四川杜鹃	0	9	9	0	7.00	0.54	19.40	0.27	37.50	8.18	2.25	6.38	5.60
4	麻栎	1	2	3	15.00	11.50	6.00	30.83	0.23	62.50	2.72	1.91	10.64	5.09
5	杜鹃	0	2	2	0	7.50	1.23	22.55	0.08	50.00	1.82	0.67	8.50	3.67
6	马尾松	0	2	2	0	5.00	0.89	42.85	0.20	37.50	1.82	2.50	6.38	3.57
7	猫儿刺	0	2	2	5.00	5.50	3.75	18.85	0.06	75.00	1.82	0.50	12.77	5.03
8	细叶青冈	0	2	2	0	7.50	6.00	23.40	0.07	62.50	1.82	0.75	10.64	4.40
9	华山松	0	1	1	0	10.00	2.42	48.80	0.19	37.50	0.91	1.58	6.38	2.96
10	柳叶栎	0	1	1	0	7.50	6.00	21.20	0.04	12.50	0.91	0.33	2.13	1.12
11	木姜子	0	1	1	0	8.50	6.00	21.80	0.04	25.00	0.91	0.33	4.26	1.83
12	柯	0	1	1	0	6.00	2.70	19.10	0.04	12.50	0.91	0.25	2.13	1.10
	合计	37	73	110	58.35	95.75	138.87	334.49	12.02	587.50	100.00	100.00	100.00	100.00

3.1.4 牛肋巴湾台湾水青冈群落分布特点

调查表明,分布于牛肋巴湾区域的台湾水青冈群落,乔木层、灌木层和草本层 3 层分化明显,壳斗科(重要值 73.16)为群落的优势科。乔木层以壳斗科(Fagaceae)和冬青科(Aquifoliaceae)植物为主,胸径在 10cm 以上的树种有 4 个,分别为台湾水青冈(*F. hayatae*)、曼青冈(*Cyclobalanopsis oxyodon*)、锐齿槲栎(*Quercus aliena* var. *acutiserrata*)、麻绳子(俗名)。台湾水青冈因在相对密度(40.68%)、相对显著度(33.50%)、相对频度(17.24%)以及重要值(30.47)等方面显著高于其他树种,成为该群落的建群种;锐齿槲栎仅次于台湾水青冈,其重要值为 23.24,为该群落的优势种;其他树种(不含枯立木)的重要值相对较小,合计为 38.10(表 3-4)。

此外,为缓和群落各种群间对有限的光照、空间、水分以及矿质营养等资源的争夺,扩大植物对空间环境的利用范围,增强同化功能的效率,分布于牛肋巴湾区域的台湾水青冈群落形成了明显的垂直结构,各层次树种高低差异显著,林冠线起伏较大,仅乔木层就可分为两层(I 林层和 II 林层)。其中,I 林层为主林层,主要由壳斗科的台湾水青冈、米心水青冈、曼青冈、麻绳子(俗名)以及锐齿槲栎等落叶阔叶树种组成，树高 15～30 m，台湾水青冈又以其较大的断面积盖度(0.67 m²)和冠幅(62.61 m²)成为 I 林层的优势种；II 林层主要由其余相对较矮的 7 个树种组成，其中枪木为优势种，断面积盖度为 0.02 m²，冠幅为 12.64 m²。林下灌木层主要以高度为 0.1～4 m 的植物为主，其中鞘柄菝葜为该层的优势种，并伴生分布有海桐(*Pittosporum tobira*)、常春藤(*Hedera nepalensis* var. *sinensis*)、桦叶荚蒾(*Viburnum betulifolium*)、忍冬(*Lonicera japonica*)、五裂槭(*Acer oliverianum*)、香叶树(*Lindera communis*)、紫珠(*Callicarpa bodinieri*)、荚蒾(*Viburnum dilatatum*)、两面针(*Zanthoxylum nitidum*)、卫矛(*Euonymus alatus*)等物种。草本层物种相对丰富，覆盖度较大，达 56%，以蕨类和莎草科植物为主。

表 3-4　牛肋巴湾台湾水青冈林乔木层树种的重要值

| 序号 | 树种 | 株数/株 | | | 高度/m | | 平均冠幅/m² | 胸径/cm | 总盖度断面积/m² | 频度/% | 相对密度/% | 相对显著度/% | 相对频度/% | 重要值 |
		I 林层	II 林层	合计	I 林层	II 林层								
1	台湾水青冈	14	10	24	19.69	9.22	62.61	14.82	0.67	100.00	40.68	33.50	17.24	30.47
2	米心水青冈	2	6	8	17.00	9.58	31.81	8.48	0.06	40.00	13.56	3.00	6.90	7.82
3	曼青冈	6	2	8	17.78	14.35	63.14	17.72	0.22	60.00	13.56	11.00	10.34	11.63
4	枪木	0	6	6	0	7.78	12.64	5.78	0.02	80.00	10.17	1.00	13.79	8.32
5	锐齿槲栎	2	3	5	26.75	8.93	55.18	30.70	0.88	100.00	8.47	44.00	17.24	23.24
6	枯立木	0	4	4	0	8.68	—	13.97	0.08	80.00	6.78	4.00	13.79	8.19
7	猫儿刺	0	3	3	0	7.23	1.73	9.10	0.03	100.00	5.09	1.50	17.24	7.95
8	麻绳子	1	0	1	23.60	0	60.36	22.79	0.04	20.00	1.69	2.00	3.46	2.38
	合计	25	34	59	104.82	65.77	287.47	123.36	2.00	580.00	100.00	100.00	100.00	100.00

3.2　台湾水青冈群落的垂直分布

植被的分布格局往往是多种环境因子共同作用的结果，而海拔变化被认为是决定物种多样性格局的主导因子之一(徐远杰等，2010；许涵等，2013；Wang et al.，2007；Carpenter，2005；Lomolino，2001；Brown，2001)。海拔的变化会引起温度、光照、降水等诸多环境因子的梯度效应(Gaston，2000)，因此植物群落在海拔梯度上的分布格局和规律成为国内外生态学家研究的重要内容(Rahbek，1995，2005)。由于四川米仓山国家级自然保护区是台湾水青冈分布的一个临界区(何俊等，2008；陈焕庸和黄成就，1998)，且保护区受西南和东南季风的双重影响，山地小气候明显，温度、降水变化大。因此，为探究米仓山自然保护区台湾水青冈的群落特征与海拔分布格局间的相互作用关系，揭示台湾水青冈群落的空间分异规律，我们通过在高海拔区域(乌滩、老林沟、厂河沟、盘海石脚、踏拔河和黄柏林垭)、中海拔区域(前后堂下侧、窑梁上、大湾里、大屋基湾等)、低海拔区域(横断梁、下南天门、牛肋巴湾、卧合石及瓦窑湾)3 个海拔段设置样地进行调查。结果发现，米仓山国家级自然保护区台湾水青冈群落的物种数量和多样性指数随海拔升高表现出"高、低海拔高，中海拔低"的特征。

3.2.1　高海拔区域台湾水青冈群落分布特点

调查结果显示，高海拔区域样地的土壤厚度大于 100 cm，枯枝层厚度为 4.2 cm，腐殖层厚度为 8.7 cm，群落高 25～30 m，人为干扰强度低。乔木层物种组成复杂，台湾水青冈($F. hayatae$)、鹅蕤锥($Castanopsis fissa$)、鹅耳枥($Carpinus turczaninowii$)、四照花($Cornus kousa$ subsp. $chinensis$_)、桦木($Betula$ spp.)、米心水青冈($Fagus engleriana$)和南酸枣($Choerospondias axillaris$)是其主要物种，林木胸径大于 10cm 的有 7 个种，其中台湾水青冈在相对密度(55.56%)、相对显著度(79.55%)、相对频度(26.09%)和重要值(53.73)等方面均大于其他种，为建群种；鹅蕤锥的重要值(11.12)仅次于台湾水青冈，为优势种；其他树种的重要值相对较小，合计为 35.15(表 3-5)。

表 3-5　高海拔(盘海石脚)台湾水青冈林乔木层树种的重要值

序号	树种	株数/株 I 林层	II 林层	合计	高度/m I 林层	II 林层	平均冠幅/m²	胸径/cm	总盖度断面积/m²	频度/%	相对密度/%	相对显著度/%	相对频度/%	重要值
1	台湾水青冈	14	6	20	29.74	17.67	94.43	33.19	2.14	100.00	55.56	79.55	26.09	53.73
2	鹅蕤锥	3	2	5	29.50	18.00	48.10	25.43	0.29	33.33	13.89	10.78	8.70	11.12
3	鹅耳枥	1	4	5	26.50	14.63	19.20	11.34	0.06	33.33	13.89	2.23	8.70	8.27
4	四照花	0	3	3	0	14.33	15.52	13.37	0.04	83.33	8.32	1.49	21.73	10.52
5	桦木	1	0	1	30.00	0	24.75	23.87	0.04	50.00	2.78	1.49	13.04	5.77
6	米心水青冈	0	1	1	0	19.00	30.00	19.03	0.03	50.00	2.78	1.11	13.04	5.65
7	南酸枣	1	0	1	26.00	0	109.25	34.21	0.09	33.33	2.78	3.35	8.70	4.94
	合计	20	16	36	141.74	83.63	341.25	160.35	2.69	383.32	100.00	100.00	100.00	100.00

群落垂直结构分化明显，仅乔木层就可分为两层(I 林层和 II 林层)。其中，I 林层为主林层，平均树高 28.35 m，平均胸径 22.91 cm，平均冠幅 48.75 m²，由台湾水

青冈、鬎萠锥、鹅耳枥、桦木和南酸枣等 5 种落叶阔叶树种组成，其中台湾水青冈为整个群落的优势种，鬎萠锥仅在个别林地占优势；Ⅱ林层由台湾水青冈、鹅耳枥、鬎萠锥、四照花和米心水青冈等落叶阔叶树和常绿阔叶树组成，其中台湾水青冈、鹅耳枥为该层的优势种。林下灌木层一般高度在 0.08～3.0 m，少数达 3.6m。林分组成相对复杂，主要有鹅耳枥 (*Carpinus turczaninowii*)、高山栎 (*Quercus semecarpifolia*)、华山松 (*Pinus armandii*)、黄杨 (*Buxus sinica*)、角翅卫矛 (*Euonymus cornutus*)、箭竹 (*Fargesia spathacea*)、木姜子 (*Litsea pungens*)、鞘柄菝葜 (*Smilax stans*)、鲜黄小檗 (*Berberis diaphana*)、四照花 (*Dendrobenthamia japonica* var. chinensis) 和台湾水青冈的幼苗，其中黄杨为优势种。林下草本层受乔木、灌木及枯枝落叶层的影响较大，物种种类少，覆盖度小于 1%，几乎无草本植物分布。合鳞苔草 (*Carex tristachya* var. *pocilliformis*)、刺头复叶耳蕨 (*Arachniodes exilis*)、吉祥草 (*Reineckia carnea*)、升麻 (*Cimicifuga foetida*)、灯芯草 (*Juncus effusus*)、玉竹 (*Polygonatum odoratum*) 为常见种。

3.2.2　中海拔区域台湾水青冈群落分布特点

调查结果显示，中海拔区域样地的土壤厚度大于 100cm，枯枝层厚度为 5cm，腐殖层厚度为 6cm，群落高约 25m，无人为干扰。乔木层物种组成复杂，台湾水青冈 (*F. hayatae*)、锐齿槲栎、鹅耳枥、四川杜鹃、柃木 (*Eurya japonica*)、猫儿刺是其主要物种，林木胸径大于 10cm 的有 4 个种，其中台湾水青冈在相对密度 (44.07%)、相对显著度 (31.19%)、相对频度 (30.00%) 和重要值 (35.09) 等方面均大于其他种，为建群种；锐齿槲栎的重要值 (26.25) 仅次于台湾水青冈，为优势种；其他树种的重要值相对较小，合计为 38.66 (表 3-6)。

表 3-6　中海拔 (大湾里) 台湾水青冈林乔木层树种的重要值

序号	树种	株数/株		合计	高度/m		平均冠幅/m²	胸径/cm	总盖度断面积/m²	频度/%	相对密度/%	相对显著度/%	相对频度/%	重要值
		Ⅰ林层	Ⅱ林层		Ⅰ林层	Ⅱ林层								
1	台湾水青冈	1	25	26	25.70	9.69	48.68	17.92	0.34	100.00	44.07	31.19	30.00	35.09
2	锐齿槲栎	0	10	10	0	15.57	27.75	21.59	0.51	50.00	16.95	46.79	15.00	26.25
3	四川杜鹃	0	7	7	0	8.39	23.41	15.39	0.16	50.00	11.86	14.68	15.00	13.85
4	柃木	0	7	7	0	6.53	3.73	3.76	0.01	33.33	11.86	0.92	10.00	7.59
5	猫儿刺	0	5	5	0	5.56	0.90	3.88	0.01	83.33	8.48	0.92	25.00	11.46
6	鹅耳枥	0	4	4	0	11.73	19.56	10.69	0.06	16.67	6.78	5.50	5.00	5.76
	合计	1	58	59	25.7	57.47	124.03	73.23	1.09	333.33	100.00	100.00	100.00	100.00

群落垂直结构分化明显，仅乔木层就可分为两层（Ⅰ林层和Ⅱ林层）。其中Ⅰ林层为台湾水青冈纯林，树高在 16～25m，平均胸径 10.54 cm；Ⅱ林层为主林层，平均树高 9.58 m，平均胸径 10.54cm，平均冠幅 15.67m^2，由台湾水青冈、锐齿槲栎、四川杜鹃、枸木、猫儿刺和鹅耳枥等 6 个树种组成，其中台湾水青冈为该层的优势种。林下灌木层一般高度在 0.1～2.7 m，少数达 4.7m。林分组成相对简单，由多鳞杜鹃（*Rhododendron polylepis*）、桦叶荚蒾（*Viburnum betulifolium*）、荚蒾（*Viburnum dilatatum*）、阔叶十大功劳（*Mahonia bealei*）、两面针（*Zanthoxylum nitidum*）、菱叶绣线菊（*Spiraea vanhouttei*）、猫儿刺、木姜子（*Litsea pungens*）、鞘柄菝葜（*Smilax stans*）、箬竹（*Indocalamus tessellatus*）、山茶、石灰花楸（*Sorbus folgneri*）、四照花、卫矛、香叶树（*Lindera communis*）幼苗等树种组成，其中枸木（*Eurya japonica*）、四川杜鹃（*Rhododendron sutchuenense*）和台湾水青冈幼苗为优势种。草本层物种种类少，盖度小于 1%。虎耳草（*Saxifraga stolonifera*）、丝叶苔草（*Carex capilliformis*）和万寿竹（*Disporum cantoniense*）为常见种。

3.2.3　低海拔区域台湾水青冈群落分布特点

调查结果显示，低海拔区域样地的土壤厚度大于 100 cm，枯枝层厚度为 4 cm，腐殖层厚度为 5 cm，群落高约 13 m，无人为干扰。乔木层物种组成复杂，由台湾水青冈、麻绳子（俗名）、锐齿槲栎、华山松、四川杜鹃、山茶科和猫儿刺组成，台湾水青冈和麻绳子为优势种，林木胸径大于 10 cm 的有 5 个种，其中台湾水青冈在相对密度（42.11%）、相对显著度（38.09%）、相对频度（20.01%）和重要值（33.40）等方面均大于其他种，为建群种；麻绳子（俗名）的重要值（23.45）仅次于台湾水青冈，为优势种；其他树种的重要值相对较小，合计为 36.58。由此可见低海拔区域的台湾水青冈群落以壳斗科的落叶树种为主（表 3-7）。

此外，群落垂直结构分化明显，乔木层树高在 6～14 m，平均树高 10.22m，平均胸径 13.91cm，平均冠幅 23.90 m^2，由台湾水青冈、麻绳子、锐齿槲栎、华山松、四川杜鹃、山茶科、猫儿刺等 7 个树种组成，其中台湾水青冈和麻绳子为该层的优势种。林下灌木层组成相对简单，一般高度在 0.2～3.4m。主要有波叶红果树（*Stranvaesia davidiana* var. *undulate*）、糙皮桦（*Betula utilis*）、杜鹃（*Rhododendron simsii*）、多鳞杜鹃（*Rhododendron polylepis*）、华山松（*Pinus armandii*）、荚蒾（*Viburnum dilatatum*）、两面针（*Zanthoxylum nitidum*）、马尾松（*Pinus massoniana*）、猫儿刺、鞘柄菝葜、锐齿槲栎、柯（*Lithocarpus glaber*）、四川杜鹃、四照花、铁杉（*Tsuga chinensis*）、香叶树、异叶榕（*Ficus heteromorpha*）等，其中山茶和台湾水青冈幼苗为优势种。草本层受乔木、灌木及枯枝落叶层的影响较大，物种种类少，盖度小于 10%。丝叶苔草（高 0.5～0.8 m）为常见种。

表 3-7　低海拔(横断梁)台湾水青冈林乔木层树种的重要值

| 序号 | 树种 | 株数/株 | | 合计 | 高度/m | | 平均冠幅/m² | 胸径/cm | 总盖度断面积/m² | 频度/% | 相对密度/% | 相对显著度/% | 相对频度/% | 重要值 |
		I 林层	II 林层		I 林层	II 林层								
1	台湾水青冈	0	32	32	0	13.25	53.05	12.48	0.47	100.00	42.11	38.09	20.00	33.40
2	麻绳子	0	28	28	0	10.68	20.29	10.54	0.29	50.00	36.84	23.50	10.00	23.45
3	锐齿槲栎	0	5	5	0	13.68	37.65	27.15	0.33	66.67	6.58	26.74	13.33	15.55
4	华山松	0	4	4	0	11.03	20.05	13.67	0.07	50.00	5.26	5.67	10.00	6.98
5	枯立木	0	3	3	0	6.63	—	11.13	0.03	66.67	3.95	2.43	13.33	6.57
6	四川杜鹃	0	2	2	0	7.70	10.15	12.29	0.02	50.00	2.62	1.63	10.00	4.75
7	猫儿刺	0	1	1	0	6.10	4.76	7.30	0.004	100.00	1.32	0.32	20.00	7.21
8	山茶	0	1	1	0	12.70	21.32	16.69	0.02	16.67	1.32	1.62	3.34	2.09
	合计	0	76	76	0	81.77	167.27	111.25	1.234	500.01	100.00	100.00	100.00	100.00

3.3　不同坡度的台湾水青冈群落

植被的分布格局往往和所处的地理环境密切相关(Zhang et al.,2004)。地形作为重要的非地带性环境因子之一,在为植物群落提供复杂生境的同时,也通过影响土壤的水分、热量、养分(Cantón et al.,2004;Parker and Branner,1982)的空间分配来左右植被的分布格局。目前已有许多学者从地形对森林群落空间格局的影响(胡志伟等,2007)、植物群落空间格局下的环境解释 (陈宝瑞等,2010)、植物群落的空间格局分析(沈泽昊和张新时,2000)等多个不同的角度开展了植物群落的空间分布研究,但少有从坡度信息的角度来研究群落的空间分布。林地坡度通常可以划分为以下几类:0°~5°为平坡,6°~15°为缓坡,16°~25°为斜坡,26°~35°为陡坡,36°~40°为急陡坡,41°~45°为急坡,46°以上为险坡。由于坡度是土壤水分和养分在水平方向上流动的驱动因子(朱晓勤等,2006),且具有一定的指示作用(区余端等,2009),因此,我们根据台湾水青冈在野外主要分布在陡坡和急陡坡上这一具体情况,分别在陡坡(乌滩、老林沟和黄柏林垭等)和急陡坡(厂河沟、踏拔河、前后堂下侧、窑梁上、大湾里、大屋基湾、厂湾里、牛撒尿、横断梁 01、横断梁 02,下南天门、牛肋巴湾、卧合石和瓦窑湾等)设置样地进行调查并探究不同坡度下台湾水青冈群落的分布特征。结果表明,台湾水青冈在急陡坡的生长状况好于陡坡。

3.3.1　陡坡上台湾水青冈群落分布特点

调查结果显示，陡坡样地的土壤厚度大于 100cm，枯枝层厚度为 4.2cm，腐殖层厚度为 3.2cm，群落高约 30m，人为干扰强度低。乔木层物种组成复杂，台湾水青冈（*F. hayatae*）、鬣蕊锥（*Castanopsis fissa*）、铁杉、四照花、桦木、猫儿刺是其主要物种，林木胸径大于 10cm 的有 4 个种，其中台湾水青冈在相对密度（76.33%）、相对显著度（85.78%）、相对频度（16.67%）和重要值（59.59）等方面均大于其他种，为建群种；猫儿刺的重要值（8.39）仅次于台湾水青冈，为优势种；其他树种的重要值相对较小，合计为 24.89（表 3-8）。

群落垂直结构分化明显，仅乔木层就可分为两层（I 林层和 II 林层）。其中，I 林层为主林层，平均树高为 30.5 m，平均胸径为 40.34 cm，平均冠幅为 99.54 m^2，由台湾水青冈、鬣蕊锥组成，其中台湾水青冈为整个群落的优势种，鬣蕊锥仅在个别林地占优势；II 林层，主要由台湾水青冈、猫儿刺、鬣蕊锥、四照花、桦木和铁杉等树种组成，其中台湾水青冈、猫儿刺为该层的优势种。林下灌木层一般高度在 0.1～2.0 m，少数达 2.0 m。林分组成相对简单，主要有箭竹（*Fargesia spathacea*）、台湾水青冈、山胡椒（*Lindera glauca*）、山茶、黄杨（*Buxus sinica*）、海桐（*Pittosporum tobira*）、鞘柄菝葜、鲜黄小檗、荚蒾、柃木（*Eurya japonica*）、瑞香（*Daphne odora*）、猫儿刺、细叶青冈、五味子（*Schisandra chinensis*）、铁杉、四照花，其中黄杨为优势种。林下草本层物种种类少，覆盖度小于 1%。苔草、莎草、如意草（*Viola verecunda*）、麦冬（*Ophiopogon japonicus*）、白英（*Solanum lyratum*）等为常见种。

表 3-8　陡坡（老林沟）台湾水青冈林乔木层树种的重要值

| 序号 | 树种 | 株数/株 | | 合计 | 高度/m | | 平均冠幅/m^2 | 胸径/cm | 总盖度断面积/m^2 | 频度/% | 相对密度/% | 相对显著度/% | 相对频度/% | 重要值 |
		I 林层	II 林层		I 林层	II 林层								
1	台湾水青冈	21	8	29	30.74	7.63	75.83	30.54	2.86	100.00	76.33	85.78	16.67	59.59
2	猫儿刺	0	3	3	0	5.67	4.59	7.43	0.02	100.00	7.89	0.60	16.67	8.39
3	鬣蕊锥	1	0	1	28.00	0	123.60	65.25	0.33	66.60	2.63	9.90	11.10	7.88
4	四照花	0	2	2	0	6.25	2.61	4.74	0.004	100.00	5.26	0.12	16.67	7.35
5	枯立木	1	0	1	28.00	0	—	28.93	0.07	100.00	2.63	2.10	16.67	7.13
6	铁杉	0	1	1	0	9.50	10.36	13.85	0.02	100.00	2.63	0.60	16.67	6.63
7	桦木	0	1	1	0	22.50	17.50	19.23	0.03	33.30	2.63	0.90	5.55	3.03
	合计	23	15	38	86.74	51.55	234.49	169.97	3.334	599.90	100	100.00	100.00	100.00

3.3.2　急陡坡上台湾水青冈群落分布特点

调查结果显示，急陡坡样地的土壤厚度大于 100cm，枯枝层厚度为 2.0cm，腐殖层厚度为 3.5cm，群落高约 26m，人为干扰强度低。乔木层物种组成复杂，台湾水青冈、四川杜鹃、锐齿槲栎、枹木、猫儿刺是其主要物种，林木胸径大于 11cm 的有 5 个种，其中台湾水青冈在相对密度(30.00%)、相对显著度(60.06%)、相对频度(22.58%)和重要值(37.55)等方面均大于其他种，为建群种；枹木的重要值(17.30)仅次于台湾水青冈，为优势种；其他树种的重要值相对较小，合计为 36.74(表 3-9)。

群落垂直结构分化明显，仅乔木层就可分为两层(Ⅰ 林层和 Ⅱ 林层)。其中，Ⅰ 林层高度在 20～26 m，由台湾水青冈和枹木组成；Ⅱ 林层为主林层，平均树高为 12.03 m，平均胸径为 12.27 cm，平均冠幅为 25.32 m^2，由台湾水青冈、锐齿槲栎、枹木、猫儿刺、四川杜鹃、曼青冈、麻绳子(俗名)等 8 个树种组成，其中台湾水青冈为整个群落的优势种。林下灌木层一般高度在 0.1～3 m，少数达 4.8 m。林分组成相对简单，主要有枹木、四川杜鹃、鞘柄菝葜、多鳞杜鹃、两面针、猫儿刺、杜鹃、锐齿槲栎、柯、忍冬、四照花、紫金牛(*Ardisia japonica*)和华山松，其中枹木、四川杜鹃和鞘柄菝葜为优势种。林下草本层受乔木、灌木层的影响较小，覆盖度较好，覆盖度一般为 2%～3%，少数可高达 18%，丝叶薹草(*Carex capilliformis*)为常见种。

表 3-9　急陡坡(横断梁 02)台湾水青冈林乔木层树种的重要值

| 序号 | 树种 | 株数/株 | | 合计 | 高度/m | | 平均冠幅/m^2 | 胸径/cm | 总盖度断面积/m^2 | 频度/% | 相对密度/% | 相对显著度/% | 相对频度/% | 重要值 |
		Ⅰ 林层	Ⅱ 林层		Ⅰ 林层	Ⅱ 林层								
1	台湾水青冈	2	16	18	26.60	16.33	40.61	19.97	0.74	100.00	30.00	60.06	22.58	37.55
2	枹木	1	18	19	11.90	9.33	16.58	7.70	0.13	42.90	31.66	10.55	9.69	17.30
3	锐齿槲栎	0	6	6	0	14.78	29.31	17.23	0.17	50.00	10.00	13.80	11.29	11.70
4	四川杜鹃	0	9	9	0	8.53	10.61	7.00	0.04	50.00	15.00	3.25	11.29	9.85
5	枯立木	0	4	4	0	8.95	—	12.72	0.05	64.30	6.67	4.06	14.52	8.41
6	猫儿刺	0	1	1	0	6.20	2.09	4.70	0.002	85.70	1.67	0.16	19.35	7.06
7	曼青冈	0	2	2	0	17.40	34.57	21.39	0.09	28.60	3.33	7.31	6.46	5.70
8	麻绳子	0	1	1	0	14.20	37.52	13.39	0.01	21.40	1.67	0.81	4.82	2.43
	合计	3	57	60	38.50	95.72	171.29	104.10	1.232	442.90	100.00	100.00	100.00	100.00

3.4　不同坡向的台湾水青冈群落

坡向是水平方向上重要的地形因子。坡向不同，光、热、水等生态因子不同，植物物种的组成、丰富度、生活型以及生物量等也有差异(徐长林，2016)。目前针对坡向与植物群落空间分布格局的研究主要集中在草本植物。如胡玉佳等(2003)对海南岛五指山不同坡向植物的多样性进行了研究；刘金根和薛建辉(2009)对香根草护坡地植物群落特征的研究；周萍等(2009)对黄土丘陵区草本群落生物量和多样性的研究。然而坡向与乔木群落分布格局关系的研究还鲜有报道。因此，为探究米仓山自然保护区台湾水青冈群落在不同坡向的分布特点，我们通过在阳坡(下南天门和牛撒尿)、半阳坡(前后堂下侧、瓦窑湾、横断梁、牛肋巴湾、大屋基弯、卧合石、厂湾里和踏拔河)、阴坡(厂河沟)、半阴坡(黄柏林垭、窑梁上、盘海石脚、大湾里、老林沟和乌滩)等区域设置样地进行调查，结果表明，阳坡和阴坡的台湾水青冈群落生长状况好于半阴坡和半阳坡。

3.4.1　阴坡台湾水青冈群落分布特点

调查结果表明，阴坡(以厂河沟为代表)样地的土壤厚度大于 100cm，枯枝层厚度为 4.0 cm，腐殖层厚度为 2.0 cm，植被类型以落叶阔叶林为主(落叶树种重要值为 65.58，常绿树种重要值为 34.42)，群落高约 25 m，郁闭度为 80%，人为干扰较轻。乔木层主要由壳斗科的台湾水青冈、细叶青冈、米心水青冈、白栎 (*Quercus fabri*) 等树种组成，其中台湾水青冈为优势种(表 3-10)。林木胸径大于 10cm 的树种有 10 个，其中台湾水青冈在相对密度(12.17%)、相对显著度 (56.52%)、相对频度(15.38%)和重要值(28.02)等方面显著大于其他树种，为群落的建群种；细叶青冈的重要值(14.05)仅次于台湾水青冈，为优势种；其他树种的重要值较小，合计为 57.93。

群落垂直结构分化明显，仅乔木层就可分为两层(I 林层和 II 林层)。其中，I 林层由台湾水青冈纯林构成，树高约 25m；II 林层为主林层，平均树高为 9.68 m，平均冠幅为 22.68 m^2，由台湾水青冈、细叶青冈、四川杜鹃、刺叶高山栎(*Quercus spinosa*)、猫儿刺、光亮山矾(*Symplocos setchuensis*)、白栎、鹅耳枥、桦木、青榨槭(*Acer davidii*)、三桠乌药(*Lindera obtusiloba*)、四照花、华山松、铁杉、亮叶桦(*Betula luminifera*)等 16 个树种组成，其中台湾水青冈、细叶青冈、四川杜鹃为优势种(表 3-10)。林下灌木层高度在 0.5～4.8 m,主要由菝葜(*Smilax china*)、莢蒾、革叶莢蒾、木姜子、忍冬、银背杜鹃、海桐、卫矛、白桦(幼苗)、箭竹、白栎(幼苗)、刺叶栎、阔叶梣(幼苗)、台湾水青冈(幼苗)、红果树(*Stranvaesia davidiana*)、铁杉(幼苗)、华山松(幼苗)、红豆杉(*Taxus wallichiana* var. *chinensis*)(幼苗)、光亮山矾(幼苗)组成，其中台湾水青冈、细叶青冈、杜鹃为优势种。林下草本层覆盖度小于 10%，其中苔草为优势种(盖度 3.30%)，其次为羊茅(盖度 2%)，此外还有少量的堇菜、报春和沿阶草等物种。

表 3-10　阴坡(厂河沟)台湾水青冈林乔木层树种的重要值

| 序号 | 树种 | 株数/株 | | 合计 | 高度/m | | 平均冠幅/m² | 胸径/cm | 总盖度断面积/m² | 频度/% | 相对密度/% | 相对显著度/% | 相对频度/% | 重要值 |
		I林层	II林层		I林层	II林层								
1	台湾水青冈	1	13	14	25	12.30	90.00	28.57	1.46	100.00	12.17	56.52	15.38	28.02
2	细叶青冈	0	25	25	0	10.20	21.20	9.80	0.21	80.00	21.74	8.13	12.31	14.05
3	四川杜鹃	0	20	20	0	6.00	9.70	10.92	0.20	50.00	17.39	7.74	7.68	10.94
4	青榨槭	0	14	14	0	10.50	8.10	7.77	0.07	30.00	12.17	2.71	4.62	6.50
5	米心水青冈	0	9	9	0	14.90	46.40	12.80	0.15	70.00	7.83	5.81	10.77	8.14
6	华山松	0	8	8	0	8.80	17.10	13.68	0.15	40.00	6.96	5.81	6.15	6.31
7	四照花	0	4	4	0	11.10	32.40	19.15	0.13	20.00	3.48	5.03	3.08	3.86
8	桦木	0	6	6	0	12.80	9.80	9.83	0.05	10.00	5.21	1.94	1.54	2.90
9	白栎	0	3	3	0	11.70	22.70	13.96	0.05	10.00	2.61	1.94	1.54	2.03
10	山矾	0	4	4	0	5.40	5.80	6.23	0.01	10.00	3.48	0.39	1.54	1.80
11	铁杉	0	3	3	0	5.70	8.00	9.07	0.02	10.00	2.61	0.77	1.54	1.64
12	亮叶桦	0	1	1	0	13.00	30.00	23.65	0.04	30.00	0.87	1.55	4.61	2.35
13	猫儿刺	0	1	1	0	7.50	17.50	14.48	0.02	100.00	0.87	0.77	15.38	5.67
14	刺叶高山栎	0	1	1	0	6.50	14.00	11.46	0.01	60.00	0.87	0.39	9.23	3.50
15	三桠乌药	0	1	1	0	7.50	27.00	11.52	0.01	20.00	0.87	0.39	3.08	1.45
16	鹅耳枥	0	1	1	0	11.00	4.50	6.11	0.003	10.00	0.87	0.11	1.54	0.84
	合计	1	114	115	25	154.90	364.20	209.00	2.59	650.00	100.00	100.00	100.00	100.00

3.4.2　阳坡台湾水青冈群落分布特点

调查结果表明,阳坡(以下南天门为代表)样地的土壤厚度超过 100 cm,枯枝层厚度为 5.0 cm,腐殖层厚度为 2.0 cm,植被类型以落叶阔叶林为主(落叶树种重要值为 67.68,常绿树种重要值为 32.32),群落高约 20m,郁闭度为 90%,人为干扰较轻。乔木层树种组成相对复杂,其中台湾水青冈为优势种(表 3-11)。林木胸径大于 10cm 的树种有 8 个,其中台湾水青冈在相对密度(33.55%)、相对显著度(38.43%)、相对频度(19.23%)、重要值(30.40)等方面显著大于其他树种,为群落的建群种;油松的重要值(11.17)仅次于台湾水青冈,为优势种;其他树种的重要值较小,合计为 58.43。

群落垂直结构分化相对简单,I 林层无树种分布,II 林层为主林层,平均树高为 9.32m,平均冠幅为 12.66m²,平均胸径为 11.32cm,由台湾水青冈、白栎、石灰花楸(*Sorbus folgneri*)、枹栎 (*Quercus serrata*)、领春木(*Euptelea pleiospermum*)、四照花、四川杜鹃、光亮山矾、曼青冈、油松、华山松等 17 个树种组成,其中台湾水青冈为优势种。林下灌木层高度在 0.5～4.8 m,少数能达到 5 m,主要由台湾水青冈、杜鹃、革叶荚蒾、荚蒾(*Viburnum dilatatum*)、六道木(*Abelia biflora*)、枸子、红豆杉(幼苗)、猫儿刺、光亮山矾(幼苗)、四照花、五角枫(*Acer pictum* subsp. *mono*)、细叶青冈、油松等组成,其中台湾水青冈和杜鹃为优势种。林下草本层物种种类少,覆盖度小于 3%,以苔草为主,此外还有少量的蕨类植物及鹿蹄草(*Pyrola calliantha*)、紫菀(*Aster tataricus*)等物种。

表 3-11　阳坡(下南天门)台湾水青冈林乔木层树种的重要值

序号	树种	株数/株		合计	高度/m		平均冠幅/m²	胸径/cm	总盖度断面积/m²	频度/%	相对密度/%	相对显著度/%	相对频度/%	重要值
		I 林层	II 林层		I 林层	II 林层								
1	台湾水青冈	0	51	51	0	13.80	28.10	13.26	0.93	100.00	33.55	38.43	19.23	30.40
2	油松	0	16	16	0	12.20	8.50	17.38	0.51	10.00	10.53	21.07	1.92	11.17
3	白桦	0	9	9	0	13.40	31.90	20.58	0.40	20.00	5.92	16.54	3.85	8.77
4	石灰花楸	0	19	19	0	6.70	6.00	6.84	0.07	20.00	12.50	2.89	3.85	6.41
5	华山松	0	4	4	0	16.30	17.50	21.06	0.14	50.00	2.63	5.79	9.62	6.01
6	枹栎	0	8	8	0	12.90	17.70	14.52	0.14	30.00	5.26	5.79	5.77	5.61
7	领春木	0	11	11	0	6.30	6.20	7.36	0.05	10.00	7.24	2.07	1.92	3.74
8	四照花	0	10	10	0	7.30	5.80	7.05	0.04	10.00	6.58	1.65	1.92	3.38
9	青榨槭	0	2	2	0	13.00	11.40	10.63	0.02	10.00	1.32	0.84	1.92	1.36
10	山矾	0	6	6	0	7.00	13.90	8.97	0.04	10.00	3.95	1.65	1.92	2.51
11	四川杜鹃	0	1	1	0	6.00	10.00	6.97	0.004	20.00	0.66	0.17	3.85	1.56
12	鹅耳枥	0	5	5	0	9.00	3.00	6.44	0.02	20.00	3.28	0.84	3.85	2.67
13	杜鹃	0	5	5	0	6.50	5.20	5.49	0.01	30.00	3.28	0.42	5.77	3.17
14	曼青冈	0	2	2	0	8.00	13.50	8.80	0.01	30.00	1.32	0.42	5.77	2.50
15	桦木	0	1	1	0	2.00	14.67	17.48	0.02	40.00	0.66	0.84	7.69	3.06
16	山樱	0	1	1	0	12.00	15.00	12.89	0.01	30.00	0.66	0.42	5.77	2.28
17	猫儿刺	0	1	1	0	6.00	8.80	6.69	0.004	80.00	0.66	0.17	15.38	5.40
	合计	0	152	152	0	158.40	217.17	192.41	2.42	520.00	100.00	100.00	100.00	100.00

3.4.3　半阴坡台湾水青冈群落分布特点

调查结果表明,半阴坡(以黄柏林垭为代表)样地的土壤厚度为 64 cm,枯枝层厚度为 5.0 cm,腐殖层厚度为 6.3 cm,植被类型以落叶阔叶林为主(落叶树种重要值 69.32,常绿树种重要值为 21.16),群落高约 33 m,郁闭度为 95%,无人为干扰。乔木层树种组成相对复杂,其中台湾水青冈为优势种(表 3-12)。林木胸径大于 10cm 的树种有 7 个，其中台湾水青冈在相对密度(57.78%)、相对显著度(70.70%)、相对频度(20.67%)、重要值(49.72)等方面显著大于其他树种，为群落的建群种；锐齿槲栎、杜鹃、四照花的重要值大于 6.0，仅次于台湾水青冈，为优势种；其他树种的重要值较小，合计(不含枯立木)为 22.21。

　　群落垂直结构分化显著，仅乔木层就可分为两层(I 林层和 II 林层)。其中，I 林层为主林层，平均树高为 27.75 m，平均胸径为 35.7 cm，平均冠幅为 34.63 m²，株数占 60%，断面积占 83.38%，由台湾水青冈、槲栎(*Quercus aliena*)、锐齿槲栎等落叶阔叶树种组成，其中台湾水青冈为该层的优势种；II 林层主要由其他相对较矮的树种组成，主要有台湾水青冈、杜鹃、高山栎、山茶、细枝柃(*Eurya loquaiana*)、猫儿刺、麻栎、四照花、铁杉等，优势种不明显。林下灌木层一般高在 0.5～3 m，少数能高达 4.5 m 左右。组成成分相对简单，主要由箭竹、拐棍竹(*Fargesia robusta*)、石楠(*Photinia serratifolia*)、十大功劳(*Mahonia fortunei*)、乌药(*Lindera aggregata*)、山茶、木姜子(*Litsea pungens*)、阔叶梣(*Fraxinus latifolia*)(幼苗)、台湾水青冈(幼苗)、细叶青冈(幼苗)、铁杉(幼苗)、华山松(幼苗)等组成，其中箭竹为该层的优势种。林下草本层覆盖度小于 10%，以百合科和灯芯草科种类为主，常见的有吉祥草(*Reineckea carnea*)、拟金茅(*Eulaliopsis binata*)、苔草、心叶堇菜(*Viola concordifolia*)等。

表 3-12　半阴坡(黄柏林垭)台湾水青冈林乔木层树种的重要值

序号	树种	株数/株		合计	高度/m		平均冠幅/m²	胸径/cm	总盖度断面积/m²	频度/%	相对密度/%	相对显著度/%	相对频度/%	重要值
		I 林层	II 林层		I 林层	II 林层								
1	台湾水青冈	24	2	26	32.50	10.00	84.40	31.36	2.34	100.00	57.78	70.70	20.67	49.72
2	枯立木	1	1	2	25.00	7.50	—	38.15	0.34	66.70	4.45	10.33	13.80	9.52
3	锐齿槲栎	1	0	1	25.00	0	13.50	33.17	0.09	66.70	2.22	2.60	13.80	6.20
4	杜鹃	0	6	6	0	6.20	4.90	10.80	0.06	16.70	13.33	1.78	3.45	6.19
5	四照花	0	2	2	0	7.50	5.30	6.96	0.01	66.70	4.45	0.24	13.79	6.16
6	猫儿刺	0	1	1	0	8.50	1.50	7.10	0.004	66.70	2.22	0.13	13.79	5.39
7	槲栎	1	0	1	28.50	0	6.00	65.09	0.33	16.70	2.22	10.06	3.45	5.24
8	高山栎	0	1	1	0	17.50	47.60	35.65	0.01	16.70	2.22	2.99	3.45	2.89
9	山茶	0	2	2	0	9.00	8.60	9.49	0.01	16.70	4.45	0.42	3.45	2.77
10	麻栎	0	1	1	0	5.50	7.50	11.62	0.01	16.70	2.22	0.33	3.45	2.00
11	细枝柃	0	1	1	0	6.50	5.70	9.77	0.01	16.70	2.22	0.24	3.45	1.97
12	铁杉	0	1	1	0	5.50	2.70	8.47	0.01	16.70	2.22	0.18	3.45	1.95
	合计	27	18	45	111.00	83.70	187.70	267.63	3.31	483.70	100.00	100.00	100.00	100.00

3.4.4　半阳坡台湾水青冈群落分布特点

调查结果表明，半阳坡(以前后堂下侧为代表)样地的土壤厚度大于 100cm，枯枝层厚度为 3.0 cm，腐殖层厚度为 3.0 cm，植被类型以落叶阔叶林为主(落叶树种重要值为 67.01，常绿树种重要值为 26.95)，群落高约 15m，郁闭度为 74%，无人为干扰。乔木层树种组成相对简单，其中台湾水青冈为优势种(表 3-13)。林木胸径大于 8cm 的树种有 2 个，其中台湾水青冈在相对密度(75.00%)、相对显著度(96.01%)、相对频度(30.00%)、重要值(67.01)等方面显著大于其他树种，为群落的建群种；猫儿刺的重要值(12.35)仅次于台湾水青冈，为优势种；其他树种的重要值较小，合计(不含枯立木)为 14.60。

群落垂直结构分化相对简单，无 I 林层树种，II 林层为主林层，平均树高为 8.16 m，平均胸径为 7.31 cm，平均冠幅为 9.88 m^2，由台湾水青冈、猫儿刺、枸木、马尾松等 4 个树种组成，其中台湾水青冈为该层的优势种。林下灌木层一般高度在 0.4～3.5 m，少数能高达 4 m 左右。组成成分相对简单，主要由猫儿刺、四照花、荚蒾、直角荚蒾(*Viburnum foetidum* var. *Rectangulatum*)、两面针、忍冬、台湾水青冈(幼苗)、枸木(幼苗)、华山松(幼苗)、木姜叶柯(*Lithocarpus litseifolius*)(幼苗)、卫矛、香叶树等组成，其中猫儿刺和四照花为优势种。林下草本层覆盖度小于 5%，以丝叶薹草为主。

表 3-13　半阳坡(前后堂下侧)台湾水青冈林乔木层树种的重要值

序号	树种	株数/株		合计	高度/m		平均冠幅/m^2	胸径/cm	总盖度断面积/m^2	频度/%	相对密度/%	相对显著度/%	相对频度/%	重要值
		I 林层	II 林层		I 林层	II 林层								
1	台湾水青冈	0	33	33	0	15.60	32.40	14.26	0.75	100.00	75.00	96.01	30.00	67.01
2	猫儿刺	0	4	4	0	5.60	0.90	5.50	0.01	88.90	9.09	1.29	26.67	12.35
3	马尾松	0	2	2	0	8.90	3.40	8.10	0.01	88.90	4.55	1.67	26.67	10.96
4	枯立木	0	2	2	0	4.60	—	3.60	0.002	44.40	4.55	0.26	13.32	6.04
5	枸木	0	3	3	0	6.10	2.80	5.10	0.01	11.10	6.81	0.77	3.34	3.64
	合计	0	44	44	0	40.80	39.50	36.56	0.78	333.30	100.00	100.00	100.00	100.00

第 4 章　台湾水青冈的群落特征

台湾水青冈(*Fagus hayatae*)主要分布于我国台湾岛的北部山区,在湖北、甘肃、四川和陕西的大巴山脉,以及浙江临安的清凉峰、永嘉四海山和庆元等地也有分布(李明华,2006;郭瑞等,2014)。从现有资料来看,针对台湾水青冈(*Fagus hayatae*)的研究侧重点主要集中在种群更新动态与生境的关系、群落学特征、物种多样性、密度制约效应及 ISSR-PCR 体系的优化等方面,如郭瑞等(2014)对清凉峰台湾水青冈种群更新动态与其生境关系进行了研究;何俊等(2008)和张方钢(2001)研究了七姊妹山和清凉峰等地台湾水青冈的群落学特征;翁东明等(2009)研究了清凉峰台湾水青冈群落物种多样性;宋文静等(2009)和丁文勇等(2014)分别对清凉峰台湾水青冈群落优势种群的密度制约效应以及 ISSR-PCR 体系的优化进行了研究。

由于近年来的全球气候变化、人类活动的长期干扰以及种群自身较弱的更新能力,台湾水青冈的生存和发展面临着种子散布困难(张志祥等,2008;肖宜安等,2009)、人为破坏严重、老树毁坏范围大等困境(Pócs,1980;陈坚,2014)。故深入了解台湾水青冈群落的特征,掌握其生物多样性状况并揭示其生存现状对该类植物的保护和发展显得尤为重要。四川米仓山国家级自然保护区位于米仓山—大巴山山脉西段南坡,地处北亚热带和北温带的交界区域,也是我国内陆地区首次发现台湾水青冈(*Fagus hayatae*)种群分布的区域所在地。目前国内外学者对台湾水青冈研究的区域主要集中在台湾拉拉山、浙江清凉峰、湖北七姊妹山等地(王献溥和李俊清,1996;何俊等,2008;翁东明等,2009;丁文勇等,2014),而针对内陆地区台湾水青冈群落的研究工作并不多见〔仅见陈坚(2014 年)对米仓山自然保护区水青冈属资源的研究〕。米仓山山脉与台湾岛相距约 1700 km,中间又有台湾海峡相隔,二者在气候、土壤环境方面具有显著差异。因此,分布于米仓山山脉的台湾水青冈群落特征和多样性水平可能具有明显的地域特点。故本章节的主要研究内容是针对四川米仓山国家级自然保护区内不同样地的台湾水青冈群落特征及多样性水平进行研究,研究结果为进一步了解和保护台湾水青冈种群提供理论参考。

4.1　研　究　方　法

4.1.1　样地设置和调查方法

样地设置和调查方法详见第 2 章。

4.1.2　区系及生活型谱分析

参照吴征镒先生(1991)对中国种子植物属的分布区类型的划分标准，对样地内台湾水青冈群落中的所有属进行区系划分；根据曲仲湘参考 Raunkiaer 对植物生活型的划分方法(曲仲湘，1990)，对保护区内的台湾水青冈群落的生活型谱进行统计分析。

4.1.3　物种重要值和多样性分析

乔木层物种重要值的计算方法参考马克平(1994)的方法进行，公式如下：

乔木层重要值 IV=(相对多度 RA+相对显著度 RP+相对频度 RF)/3

物种多样性分析参考马克平(1994)的方法，分别选取了 Shannon-Wiener 指数(H)、Margalef 丰富度指数(D_M)、Pielou 指数(J)、Simpson 指数(D_S)作为多样性的评价指标。公式如下：

$$\text{Shannon-Wiener 指数：} H = -\Sigma P_i \ln P_i$$
$$\text{Margalef 丰富度指数：} D_M = (S-1)/\ln N$$
$$\text{Pielou 指数：} J = -\Sigma P_i \ln P_i / \ln S$$
$$\text{Simpson 指数：} D_S = 1 - \Sigma P_i^2$$

式中，S 为物种数目；N 为所有物种个体数的总和；P_i 表示第 i 个物种的个体数与群落总个体数之比。

4.1.4　群落结构的相似性分析

运用英国普利茅斯海洋实验室开发的 PRIMER5.0 软件进行群落结构的相似性分析。第一，将所调查的台湾水青冈样地按照布设线路分为 3 个组；第二，以 18 个样地为样本，以各样地中的物种及株数为变量组成原始数据矩阵；第三，采用 Bray-Curtis Similarity 系数及非加权的方法建立相似性矩阵并在此基础上运用组平均连接(group average linkage)法建立等级聚类(cluster analysis)分析图；第四，建立非度量多维标度排序(Nonmetric Multidimensional Scaling，NMDS)图分析米仓山自然保护区内台湾水青冈群落的结构特征(周红和张志南，2003；杨少荣等，2010)；第五，用相似性分析(Analysis of similarities)和胁强系数(stress)来检验不同矩阵间的显著性差异，样本间的距离表示相似性的高低，相似性越高，距离越近。

4.2　研　究　结　果

4.2.1　群落的物种组成

样方调查结果显示，米仓山台湾水青冈群落中的植物共有 129 种，隶属 48 科 83 属（表 4-1）。优势科是蔷薇科（Rosaceae，8 属 11 种）；其次是百合科（Liliaceae，7 属 10 种）、壳斗科（Fagaceae，5 属 15 种）、禾本科（Gramineae，5 属 6 种）。其中蕨类植物共有 5 科 6 属 6 种，占总种数的 4.6%；裸子植物共有 2 科 3 属 5 种，占总种数的 3.9%；被子植物共有 41 科 74 属 118 种，占总种数的 91.5%。另有 3 个科超过 10 个种，它们分别为壳斗科 15 种，蔷薇科 11 种，百合科 10 种（表 4-1）。

表 4-1　四川米仓山自然保护区台湾水青冈群落科、属、种组成

序号	科名	属数	种数	序号	科名	属数	种数
1	百合科（Liliaceae）	7	10	25	毛茛科（Ranunculaceae）	3	3
2	报春花科（Primulaceae）	1	1	26	漆树科（Anacardiaceae）	1	1
3	北极花科（Linnaeaceae）	1	1	27	槭树科（Aceraceae）	1	6
4	茶科（Theaceae）	2	4	28	蔷薇科（Rosaceae）	8	11
5	灯心草科（Juncaceae）	1	1	29	茄科（Solanaceae）	1	1
6	冬青科（Aquifoliaceae）	1	1	30	忍冬科（Caprifoliaceae）	2	7
7	豆科（Leguminosae）	1	1	31	瑞香科（Thymelaeaceae）	1	1
8	杜鹃花科（Ericaceae）	1	5	32	桑科（Moraceae）	1	1
9	海桐花科（Pittosporaceae）	1	1	33	莎草科（Cyperaceae）	2	3
10	禾本科（Gramineae）	5	6	34	山矾科（Symplocaceae）	1	2
11	红豆杉科（Taxaceae）	1	1	35	山茱萸科（Cornaceae）	1	1
12	胡桃科（Juglandaceae）	1	1	36	松科（Pinaceae）	2	4
13	虎耳草科（Saxifragaceae）	3	3	37	铁线蕨科（Adiantaceae）	1	1
14	桦木科（Betulaceae）	2	4	38	碗蕨科（Dennstaedtiaceae）	1	1
15	黄杨科（Buxaceae）	1	1	39	卫矛科（Celastraceae）	1	2
16	金星蕨科（Thelypteridaceae）	1	1	40	无患子科（Sapindaceae）	1	1
17	堇菜科（Violaceae）	1	3	41	五加科（Araliaceae）	1	1
18	菊科（Compositae）	1	1	42	五味子科（Schisandraceae）	1	1
19	壳斗科（Fagaceae）	5	15	43	小檗科（Berberidaceae）	2	2
20	兰科（Orchidaceae）	2	2	44	悬铃木科（Platanaceae）	1	1
21	鳞毛蕨科（Dryopteridaceae）	2	2	45	远志科（Polygalaceae）	1	1
22	鳞始蕨科（Lindsaeaceae）	1	1	46	芸香科（Rutaceae）	2	2
23	马鞭草科（Verbenaceae）	1	1	47	樟科（Lauraceae）	2	6
24	马兜铃科（Aristolochiaceae）	1	1	48	紫金牛科（Myrsinaceae）	1	1
总计				48 科 83 属 129 种			

4.2.2　植物区系组成

由表 4-2 可知，米仓山自然保护区内台湾水青冈群落由 15 个区系分布类型组成，主要以北温带、泛热带、东亚和北美洲间断分布及世界分布为主，分别占总属数的 33.73%、18.07%、9.64% 和 9.64%。其中北温带分布类型有 28 属，主要位于群落的乔木层和草本层，如水青冈属 (*Fagus*)、栎属 (*Quercus*)、山茱萸属 (*Cornus*) 和绣线菊属 (*Spiraea*) 等；泛热带分布类型有 15 属，主要位于群落的灌木层和草本层，如卫矛属 (*Euonymus*)、冬青属 (*Ilex*)、紫金牛属 (*Ardisia*) 和菝葜属 (*Smilax*) 等；东亚和北美洲间断分布类型有 8 属，以灌木层和乔木层为主，如胡枝子属 (*Lespedeza*)、十大功劳属 (*Mahonia*)、石楠属 (*Photinia*) 和柯属 (*Lithocarpus*) 等；世界分布类型有 8 属，以草本层和灌木层为主，如灯心草属 (*Juncus*)、堇菜属 (*Viola*)、远志属 (*Polygala*) 和悬钩子属 (*Rubus*) 等。

表 4-2　四川米仓山自然保护区台湾水青冈群落维管束植物属的分布区类型

分布类型	属数	百分比/%
1. 世界分布	8	9.64
2. 泛热带分布	15	18.07
3. 热带亚洲和热带美洲间断分布	3	3.61
4. 旧世界热带分布	1	1.20
6. 热带亚洲至热带非洲分布	1	1.20
7. 热带亚洲(印度-马来西亚)分布	4	4.82
8. 北温带分布	28	33.73
8-4 北温带和南温带(全温带)间断分布	1	1.20
9. 东亚和北美洲间断分布	8	9.64
9-1 东亚和墨西哥间断分布	1	1.20
10. 旧世界温带分布	2	2.41
14. 东亚分布	5	6.02
14-1 中国-喜马拉雅	2	2.41
14-2 中国-日本	3	3.61
15. 中国特有分布	1	1.20
合计	83	100

4.2.3　群落生活型谱

米仓山自然保护区内台湾水青冈群落的生活型谱见表 4-3，在 129 种植物中，除去少量的藤本植物，种类最多的为高位芽植物，有 74 种，占总种数的 61.16%；

地下芽植物有 28 种，占总种数的 23.14%；地上芽植物 10 种，占总种数的 8.26%；种类较少的是地面芽(8 种)和一年生植物(1 种)，分别占总种数的 6.61%和 0.83%。在高位芽植物中，大高位芽最少(6 种)；乔灌层物种丰富，小高位芽(31 种)、中高位芽(28 种)植物较多，而矮高位芽数量较少(9 种)。

表 4-3 　四川米仓山自然保护区台湾水青冈群落植物生活型谱(%)

样地	大高位芽	中高位芽	小高位芽	矮高位芽	地上芽	地面芽	地下芽	一年生
S_1	6.25	50.00	25.00	0.00	6.25	0.00	12.50	0.00
S_2	6.90	41.38	24.14	0.00	3.45	3.45	20.68	0.00
S_3	5.00	40.00	20.00	5.00	10.00	5.00	15.00	0.00
S_4	9.52	28.57	47.62	4.76	4.76	0.00	4.77	0.00
S_5	6.06	42.42	30.30	3.03	0.00	6.05	9.09	3.03
S_6	4.35	21.74	43.48	8.70	4.35	4.35	13.03	0.00
S_7	5.88	29.41	29.42	5.88	0.00	5.88	23.53	0.00
S_8	5.00	25.00	45.00	10.00	5.00	5.00	5.00	0.00
S_9	12.50	29.17	8.33	12.51	8.33	8.33	20.83	0.00
S_{10}	6.67	33.33	23.33	3.33	6.67	6.67	20.00	0.00
S_{11}	25.00	25.00	25.00	8.33	0.00	0.00	16.67	0.00
S_{12}	5.88	29.42	35.29	5.88	0.00	5.88	17.65	0.00
S_{13}	14.29	28.57	28.56	14.29	0.00	0.00	14.29	0.00
S_{14}	6.25	37.50	31.25	12.50	6.25	0.00	6.25	0.00
S_{15}	13.33	40.00	26.67	6.67	0.00	0.00	13.33	0.00
S_{16}	8.00	28.00	32.00	8.00	8.00	4.00	12.00	0.00
S_{17}	9.09	22.73	27.27	9.09	9.09	4.55	18.18	0.00
S_{18}	8.70	30.43	21.74	4.34	4.35	8.70	21.74	0.00

4.2.4 　乔木层物种重要值

由表 4-4 可见，在乔木层中台湾水青冈占据主导地位，具有较大的相对多度，径级结构主要以第 V 级为主，其中 IV(186 株)、V(190 株)级的台湾水青冈占乔木层总株数的 35.98%，相对显著度大，为 68.13%，其重要值为 42.37；锐齿槲栎(*Quercus aliena* var. *acuteserrata*)株数较多，相对多度较大，径级主要以第 IV 级为主，第 V 级也具有一定比例，其重要值为 7.70，位居第二；米心水青冈(*Fagus engleriana*)株树虽少于台湾水青冈但多于锐齿槲栎(*Quercus aliena* var. *acuteserrata*)，其径级结构主要以第 IV 级为主，重要值为 5.88。其他伴生种，如猫儿刺(*Ilex pernyi*)、四川杜鹃(*Rhododendron sutchuenense*)、柃木(*Eurya japonica*)等重要值低，不超过 5.76。

表 4-4 四川米仓山自然保护区台湾水青冈群落乔木层物种重要值

物种	株数	相对多度	相对显著度/%	相对频度/%	重要值
台湾水青冈(*Fagus hayatae* Palib. ex Hayata)	477	45.65	68.13	13.33	42.37
锐齿槲栎(*Quercus aliena* var. *acuteserrata* Maxim. ex Wenz.)	79	7.56	9.60	5.93	7.70
米心水青冈(*Fagus engleriana* Seem.)	87	8.33	4.12	5.19	5.88
猫儿刺(*Ilex pernyi* Franch.)	48	4.59	0.84	11.85	5.76
四川杜鹃(*Rhododendron sutchuenense* Franch.)	48	4.59	1.21	5.93	3.91
柃木(*Eurya japonica* Thunb.)	55	5.26	0.84	4.44	3.51
黧蒴锥(*Castanopsis fissa* (Champion ex Bentham) Rehd. et Wils.)	17	1.63	4.77	2.96	3.12
铁杉(*Tsuga chinensis* (Franch.) Pritz.)	14	1.34	0.46	5.19	2.33
四照花(*Cornus kousa* F. Buerger ex Hance subchinensis (Osborn) Q. Y. Xiang.)	20	1.91	0.55	4.44	2.30
华山松(*Pinus armandii* Franch.)	19	1.82	1.25	3.70	2.26
鹅耳枥(*Carpinus turczaninowii* Hance)	15	1.44	0.34	2.96	1.58
细叶青冈(*Cyclobalanopsis gracilis* (Rehd. et Wils.) Cheng et T. Hong)	27	2.58	0.55	1.48	1.54
曼青冈(*Cyclobalanopsis oxyodon* (Miquel) Oersted.)	14	1.34	0.91	2.22	1.49
桦木(*Betula*)	9	0.86	0.37	2.96	1.40
杜鹃(*Rhododendron simsii* Planch.)	18	1.72	0.24	2.22	1.39
白栎(*Quercus fabri* Hance.)	11	1.05	1.09	1.48	1.21
油松(*Pinus tabuliformis* Carriere.)	15	1.44	1.27	0.74	1.15
青榨槭(*Acer davidii* Franch.)	16	1.53	0.22	1.48	1.07
山茶(*Camellia japonica* L.)	5	0.45	0.09	2.26	0.93
其余 19 种之和	51	4.91	3.15	19.24	9.10

4.2.5 物种多样性

物种多样性分析的结果表明(表 4-5)，在台湾水青冈群落中乔木层的物种数为 38，灌木层为 88，草本层为 34；灌木层的 Margalef 指数(8.65)大于乔木层(5.32) 和草本层(4.98)。在多样性指数和均匀度指数方面乔木层和草本层均大于灌木层，具体为：乔木层的 Simpson 指数(0.77)大于灌木层(0.33)和草本层(0.72)；乔木层的 Shannon-Wiener 指数(2.27)大于灌木层(0.97)和草本层(1.98)；乔木层的 Pielou 指数(0.62)大于灌木层(0.22)和草本层(0.56)。

表 4-5　四川米仓山自然保护区台湾水青冈群落物种多样性

层次	总物种数 (S)	Margalef 指数 (D_M)	Simpson 指数 (D_S)	Shannon-Wiener 指数 (H)	Pielou 指数 (J)
乔木层	38	5.32	0.77	2.27	0.62
灌木层	88	8.65	0.33	0.97	0.22
草本层	34	4.98	0.72	1.98	0.56

4.2.6　群落结构的相似性分析

根据 CLUSTER 聚类分析可知，在相似性系数为 38%的水平上可将米仓山 18
个台湾水青冈群落的样地分为四个类群：类群 I 包括盘海石脚、瓦窑湾、前后堂下
侧、卧合石、大屋基湾、厂湾里、黄柏林垭、老林沟；类群 II 包括踏拔河、下南
天门、厂河沟、乌滩；类群 III 包括牛撒尿；类群 IV 包括横断梁 01、横断梁 02、
大湾里、窑梁上、牛肋巴湾(图 4-1 和 4-2)。

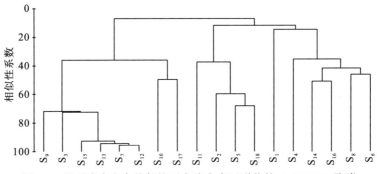

图 4-1　四川米仓山自然保护区台湾水青冈群落的 CLUSTER 聚类

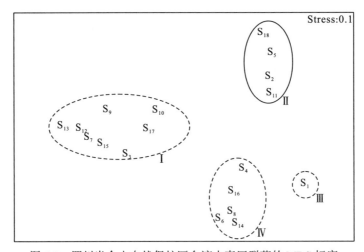

图 4-2　四川米仓山自然保护区台湾水青冈群落的 MDS 标序

4.3　讨　　论

　　植物群落是生长在某一地区的植物经过长期历史发展的产物，因此植物群落的特征往往和所处的地理位置密切相关。米仓山国家级自然保护区地处北温带与亚热带的过渡区，区内的植物群落在物种组成、区系特征和生活型谱等方面也很可能独具特点。我们发现台湾水青冈群落中共有维管束植物 129 种，隶属 48 科 83 属。其中壳斗科、蔷薇科和百合科为优势科，在群落中占据重要地位，且台湾水青冈群落区系中温带性质属(T)所占比例为 60.24%，热带性质属(R)所占比例为 28.92%。根据方全等(2015)的研究，利用区系分析结果中温带属和热带属的比值(温热比)可以准确揭示植物区系的性质和特点。采用该方法，我们获得台湾水青冈群落中的温热比(T/R)为 2.08，反映出该区温带属在整个植物区系中占主导地位。这与应俊生(1994)对秦岭植物区系性质的研究结果基本一致。此外，我们还发现尽管台湾水青冈群落处于北温带和亚热带的过渡区，但其区系中缺失热带亚洲至热带大洋洲、温带亚洲、地中海区西亚至中亚、中亚及其变型等分布类型，一方面这可能是本研究只考虑了一种植物群落(台湾水青冈群落)，而没有考虑其他群落所引起的统计误差；另一方面，也可能是因为台湾水青冈群落分布在海拔 1500～1900 m 的区域内，造成某些热带区系的植物分布受到限制，从而导致其区系成分的缺失。

　　此外，我们还发现群落的生活型谱以高位芽植物为主，而地面芽和一年生植物相对较贫乏，其中高位芽尤以小高位芽和中高位芽占主导地位，大高位芽植物较少。根据江洪和于顺利等的研究(江洪，1994；杨少荣等，2010；于顺利等，2000)，生活型谱的组成成分往往会受到群落所在地海拔、纬度或水热条件的影响。为此，我们对不同海拔段的高位芽植物比例进行了统计，结果发现随着海拔的增高其比例逐步下降(表 2-1 和表 4-3)，低海拔(1565～1629 m)样地的高位芽植物平均占比(80.73%)大于中海拔(1683～1764m)样地(79.33%)和高海拔(1775～1896m)样地(71.28%)，表现出大高位芽植物的分布主要受海拔影响的特征，尽管该现象与蔡绪慎和黄加福(1990)对卧龙植物生活型垂直分布规律以及郭柯等(1998)对喀喇昆仑山-昆仑山地区植物生活型组成的研究结果相一致，但由于本研究样地海拔范围较小(1565～1896m)，且影响生活型谱的除了海拔还有纬度、地形、物种年龄等因子，所以该结果还有待进一步完善。

　　另外，群落聚类分析可以直观地反映出群落间的相似性。采用 PRIMER5.0 软件对米仓山自然保护区内的 18 个台湾水青冈群落进行聚类。结果表明，该区域的台湾水青冈群落可分为 4 个类群(图 4-1 和图 4-2)，且 ANOSM 和胁强系数的显著性检验均表明这 4 个类群间具有明显差异(P = 2.0 %，$P<0.05$；0.1<stress<0.2)，分

类结果具参考价值(Clarke，1993；Clarke and Gorley，2001)。类群 I 包括了 8 个样地的群落，在该类群灌木层中箭竹占据绝对优势，类群中样地 9、样地 10 和样地 17 与其他样地在地理位置上相隔较远。类群 II 包括了 4 个样地的群落，该类群具有物种丰富的特点，类群中样地 2 和样地 5 与其他样地在地理位置上相隔较远。类群 IV 包括了 5 个样地的群落，该类群草本层相对丰富，类群样地 4 和样地 16 与其他样地在地理位置上相隔较远。虽然上述 3 个类群中各自均分别包含了少数地理位置相对较远的样地，但根据野外调查的结果，这些样地与该 3 个类群的其他样地均为黄棕壤，具有相似的土壤理化性质且纬度跨度范围较小、降雨丰富，根据张峰等(2003)对森林群落植被格局的环境解释及张文江等(2013)对植被覆被与水热响应的研究表明，土壤养分和水热组合将决定最终的植物群落类型，故在相似的土壤养分及水热环境下，群落的植被类型也趋于相似，因此也表现出与本类群相似的群落组成和物种多样性。此外，类群 III 与其他类群差异显著，表现出物种种类较少的特征。根据陈坚(2014)的研究，牛撒尿样地地处米仓山金场坝林场附近，早年曾遭受人为砍伐。所以，类群 III 表现出与其他 3 类群完全不同的群落特征。

通过与台湾拉拉山、浙江清凉峰及永嘉四海山等沿海地区的台湾水青冈群落相比(王献溥和李俊清，1996；张方钢，2001；李明华，2006；翁东明等，2009)，发现米仓山自然保护区台湾水青冈群落具有物种少(仅 129 种 83 属 48 科)、多样性低的特征；另外，与永嘉四海山森林公园和清凉峰自然保护区台湾水青冈幼苗、幼树数量显著多于大树不同，米仓山国家级自然保护区的台湾水青冈 I、II 级个体数量少(24.05%)，IV、V 级个体数量大(54.81%)，呈现出种群天然更新不良的特点；此外，在台湾水青冈群落分布海拔方面，米仓山国家级自然保护区与沿海地区差异也较大，浙江四海山和清凉峰台湾水青冈群落的分布海拔在 650m 和 1000m 左右，而国家级自然保护区台湾水青冈群落则主要分布于 1500～1900 m。因此，我们认为米仓山国家级自然保护区内的台湾水青冈的群落特征和多样性水平因内陆独特的气候和水热环境，与沿海地区的台湾水青冈群落相比已具有明显的地域特点。

4.4　小　　结

四川米仓山国家级自然保护区内的台湾水青冈群落中共有维管束植物 129 种，隶属于 48 科 83 属，其中蔷薇科(Rosaceae)为优势科。植物区系以北温带、泛热带及东亚和北美洲间断分布为主，具有南北区系的特点。生活谱型主要以高位芽植物(61.16%)和地下芽植物(23.14%)为主，其他生活型较少，这与米仓山台湾水青冈群落分布区所在的地理区位相吻合。乔木层中台湾水青冈种群的重要值达到

42.37，为群落的单优势种。群落中灌木层的 Shannon-Wiener 指数为 0.97，显著低于乔木层和草本层，反映出灌木层物种较少的特点。在台湾水青冈种群年龄结构中，I 和 II 级个体所占比例为 24.05%，IV 和 V 级个体所占比例为 54.81%，反映出种群具有不良的自然更新特点。群落相似性分析表明，台湾水青冈群落可分为 4 个类群，类群间在物种组成方面具有显著差异。结果表明，米仓山自然保护区内的台湾水青冈的群落特征和多样性水平因地处内陆已具有明显的地域特点。

第5章 台湾水青冈群落特征沿海拔的变化

　　植被的分布格局往往是多种环境因子共同作用的结果，而海拔的变化被认为是决定物种多样性格局的主导因子之一(Szaro，1989；DeBano and Schmidt，1990；Lieberman et al.，1996；Zimmerman et al.，1999；Brown，2001；Lomolino，2001)。由于海拔的变化主要引起温度、水分以及光照等环境因子的改变，同时不同海拔的水热条件及其组合也有差异(贺金生和陈伟烈，1997；潘红丽等，2009)。因此，海拔的变化将在一定程度上影响其植物种类和数量，从而进一步影响植物群落的特征。目前，针对植物群落与海拔梯度变化的研究主要集中在植物群落的物种多样性、相异性、共有度以及初级生产力等方面，如岳明等(2002)发现佛坪自然保护区草本层的物种多样性具有先降后升、中海拔最低的特点；于德永等(2003)和郝占庆等(2001)发现长白山北坡植物群落的相异性系数和共有度呈现出完全相反的特点，相异性随群落间海拔差的增加而增大，共有度随群落间海拔差的增加而减小；王长庭等(2004)发现高寒草甸植物群落的初级生产力受海拔的影响明显。

　　目前国内学者对台湾水青冈的研究主要集中在群落学特征、物种多样性以及密度制约效应和 ISSR-PCR 体系的优化等方面(张方钢，2001；何俊等，2008；宋文静等，2009；丁文勇等，2014)，而针对其群落特征与海拔变化关系的研究还未见报道。由于米仓山国家级自然保护区内台湾水青冈群落垂直分布的跨度较大，且这些地区温度、降水变化大。因此，四川米仓山国家级自然保护区内的台湾水青冈群落在不同海拔段上可能具有明显的差异。故本章节主要对四川米仓山国家级自然保护区内不同海拔段的台湾水青冈群落进行研究，分析台湾水青冈群落特征沿海拔的变化规律，以期揭示该保护区内台湾水青冈群落特征与海拔之间的相互关系，为台湾水青冈种群的保护和开发提供参考。

5.1 研 究 方 法

5.1.1 样地设置和调查方法

　　样地设置和调查方法参见第 2 章。分别按低(<1660 m)、中(1660~1760 m)和高(>1760 m)海拔的分类方法对已有样方进行分类统计。分类后的样方情况见表 5-1。

表 5-1　四川米仓山自然保护区台湾水青冈群落样地信息表

海拔	样地	经度	纬度	坡度/(°)	坡向	郁闭度
低海拔	横断梁 01	E106°35′34.84″	N32°34′36.80″	70	东南	0.85
	横断梁 02	E106°35′41.35″	N32°34′34.50″	72	东南	0.90
	下南天门	E106°40′06.9″	N32°34′10.00″	45	南	0.70
	牛肋巴湾	E106°35′47.54″	N32°34′38.35″	65	东南	0.80
	卧合石	E106°38′10.97″	N32°38′19.07″	45	东南	0.80
	瓦窑湾	E106°38′11.44″	N32°38′10.28″	64	东南	0.75
中海拔	前后堂下侧	E106°38′16.87″	N32°38′08.09″	48	东南	0.78
	窑梁上	E106°35′05.82″	N32°34′26.15″	70	东	0.65
	大湾里	E106°26′03.48″	N32°36′27.14″	65	西	0.97
	大屋基湾	E106°38′17.38″	N32°38′11.65″	68	东南	0.95
	厂湾里	E106°38′24.04″	N32°38′13.99″	63	东南	0.90
	牛撒尿	E106°39′15.01″	N32°31′10.80″	45	南	0.65
高海拔	乌滩	E106°32′56.06″	N32°40′16.70″	35	东	0.75
	老林沟	E106°33′25.08″	N32°39′30.42″	18	西北	0.82
	厂河沟	E106°39′17.03″	N32°36′04.40″	60	北	0.74
	盘海石脚	E106°35′08.28″	N32°31′23.64″	12	东北	0.72
	踏拔河	E106°33′30.04″	N32°39′23.40″	40	东南	0.95
	黄柏林垭	E106°34′23.01″	N32°39′29.64″	25	西北	0.95

5.1.2　区系及生活型谱分析

具体方法见 4.1.2 节。

5.1.3　物种重要值和多样性分析

具体方法见 4.1.3 节。

5.2　研　究　结　果

5.2.1　海拔对群落物种组成的影响

通过对四川米仓山国家级自然保护区高、中、低 3 个海拔的台湾水青冈群落样地的调查，发现低海拔样地计有维管束植物 84 种，隶属于 32 科 46 属；中海拔样地计有维管束植物 67 种，隶属于 24 科 40 属；高海拔样地计有维管束植物 98 种，隶属于 33 科 55 属。

在各海拔的台湾水青冈群落样地中，低海拔样地中占优势地位的科有蔷薇科 Rosaceae（4 属 4 种）、壳斗科 Fagaceae（3 属 7 种）和忍冬科 Caprifoliaceae（2 属 5 种）；中海拔样地中占优势的科有壳斗科 Fagaceae（5 属 9 种）、蔷薇科 Rosaceae（3 属 3 种）和百合科 Liliaceae（3 属 3 种）；高海拔样地中占优势的科有百合科 Liliaceae（5 属 7 种）、壳斗科 Fagaceae（4 属 10 种）和禾本科 Gramineae（4 属 5 种）（表 5-2）。

表 5-2　四川米仓山自然保护区台湾水青冈群落主要的科、属、种组成

序号	科名	低海拔		中海拔		高海拔	
		属数	种数	属数	种数	属数	种数
1	百合科 (Liliaceae)	2	4	3	3	5	7
2	茶科 (Theaceae)	2	2	2	2	2	3
3	杜鹃花科 (Ericaceae)	1	3	1	3	1	4
4	禾本科 (Gramineae)	2	2	3	3	4	5
5	虎耳草科 (Saxifragaceae)	—	—	2	2	1	1
6	桦木科 (Betulaceae)	2	3	1	1	2	3
7	堇菜科 (Violaceae)	—	—	—	—	1	3
8	壳斗科 (Fagaceae)	3	7	5	9	4	10
9	兰科 (Orchidaceae)	1	1	2	2	—	—
10	鳞毛蕨科 (Dryopteridaceae)	—	—	—	—	2	2
11	毛茛科 (Ranunculaceae)	1	1	—	—	2	2
12	槭树科 (Aceraceae)	1	3	1	1	1	4
13	蔷薇科 (Rosaceae)	4	4	3	3	4	4
14	忍冬科 (Caprifoliaceae)	2	5	2	5	2	4
15	莎草科 (Cyperaceae)	2	2	1	1	2	2
16	山矾科 (Symplocaceae)	1	1	—	—	1	2
17	松科 (Pinaceae)	2	4	2	3	2	2
18	卫矛科 (Celastraceae)	1	1	1	1	1	2
19	小檗科 (Berberidaceae)	—	—	1	1	2	2
20	芸香科 (Rutaceae)	2	2	1	1	—	—
21	樟科 (Lauraceae)	2	3	2	2	2	4

注："—"表示该海拔无此科。

5.2.2　海拔对群落区系组成的影响

由表 5-3 可知，在米仓山自然保护区台湾水青冈群落中，低海拔主要以北温带分布和泛热带分布的属占优势，分别为 32.61% 和 21.74%，其次是世界分布（8.70%），无东亚分布；中海拔主要以北温带分布为主，占 35.00%，其次为泛热带分布以及东亚和北美洲间断分布，均占 15.00%，无旧世界热带、热带亚洲至热带非洲、北温带和南温带（全温带）间断、东亚和墨西哥间断以及中国-喜马拉雅等分布类型；在高海拔中以北温带分布类型为主的属占 38.18%，以世界分布和泛热带分布为主的属均占 12.73%，无热带亚洲至热带非洲分布、北温带和南温带（全温带）间断分布、东亚和墨西哥间断分布以及中国-日本等分布类型。

表 5-3　四川米仓山自然保护区台湾水青冈群落的区系组成

分布类型	低海拔	中海拔	高海拔
	属数占比/%	属数占比/%	属数占比/%
1. 世界分布	8.70	5.00	12.73
2. 泛热带分布	21.74	15.00	12.73
3. 热带亚洲和热带美洲间断分布	6.52	7.50	5.47
4. 旧世界热带分布	2.17	0.00	1.83
6. 热带亚洲至热带非洲分布	2.17	0.00	0.00
7. 热带亚洲(印度-马来西亚)分布	6.52	10.00	5.47
8. 北温带分布	32.61	35.00	38.18
8-4 北温带和南温带(全温带)间断分布	2.17	0.00	0.00
9. 东亚和北美洲间断分布	4.36	15.00	9.09
9-1 东亚和墨西哥间断分布	2.17	0.00	0.00
10. 旧世界温带分布	2.17	2.50	1.83
14. 东亚分布	0.00	2.50	7.27
14-1 中国-喜马拉雅	2.17	0.00	3.57
14-2 中国-日本	4.36	5.00	0.00
15. 中国特有分布	2.17	2.50	1.83
合计	100.00	100.00	100.00

5.2.3 海拔对群落生活型谱的影响

在四川米仓山自然保护区台湾水青冈群落的植物生活型谱（表 5-4）中，低海拔高位芽植物占比为 66.67%，中海拔占比为 66.00%，高海拔占比为 58.75%，而在高位芽植物中又尤以中高位芽和小高位芽植物占优势，分别为：低海拔中高位芽植物占比 28.79%，小高位芽植物占比 27.27%；中海拔中高位芽植物占比 28.00%，小高位芽植物占比 26.00%；高海拔中高位芽植物占比 25.00%，小高位芽植物占比 23.75%，其次大高位芽植物和矮高位芽植物占比为 1/16～1/20；此外一年生植物较少，仅在高海拔样地中有所出现，所占比例也仅为 1.25%。

表 5-4 四川米仓山自然保护区台湾水青冈群落植物生活型谱

生活型		低海拔		中海拔		高海拔	
		种数	百分比/%	种数	百分比/%	种数	百分比/%
高位芽	大高位芽	3	4.55	2	4.00	4	5.00
	中高位芽	19	28.79	14	28.00	20	25.00
	小高位芽	18	27.27	13	26.00	19	23.75
	矮高位芽	4	6.06	4	8.00	4	5.00
高位芽合计		44	66.67	33	66.00	47	58.75
地上芽		4	6.06	3	6.00	4	5.00
地面芽		3	4.55	3	6.00	4	5.00
地下芽		10	15.15	9	18.00	18	22.50
一年生		0	0.00	0	0.00	1	1.25
藤本植物		5	7.57	2	4.00	6	7.50

5.2.4 海拔对乔木层物种重要值的影响

通过对不同海拔的台湾水青冈群落样地的调查分析，各台湾水青冈群落乔木层优势树种的重要值见表 5-5。从不同海拔台湾水青冈群落的物种组成来看，低海拔样地中主要以台湾水青冈（39.04）为主，其次是锐齿槲栎（15.38），其余物种的重要值都在 10 以下，其中重要值在 3 以下的有 9 种，而重要值<1 的有 2 种。在中海拔样地中台湾水青冈（40.85）为优势树种，其次是米心水青冈（14.17）和锐齿槲栎（10.16），其余物种的重要值都在 10 以下，其中重要值在 3 以下的有 6 种。在高海拔样地中以台湾水青冈（44.43）占优势，其次为鬈蒴锥（7.19），其余 13 种的重要值都在 7 以下，其中重要值在 3 以下的有 9 种，重要值<1 的有 2 种。

表 5-5　四川米仓山自然保护区台湾水青冈群落乔木层优势树种重要值

序号	物种	低海拔		中海拔		高海拔	
		株数	重要值	株数	重要值	株数	重要值
1	台湾水青冈(*Fagus hayatae*)	175	39.04	150	40.85	152	44.43
2	米心水青冈(*Fagus engleriana*)	8	1.71	65	14.17	14	3.58
3	锐齿槲栎(*Quercus aliena* var. *acutiserrata*)	53	15.38	25	10.16	1	0.84
4	猫儿刺(*Ilex pernyi*)	16	6.68	17	6.36	15	4.69
5	柃木(*Eurya japonica*)	32	5.94	23	5.38	—	—
6	四川杜鹃(*Rhododendron sutchuenense*)	12	3.64	16	6.01	20	2.91
7	华山松(*Pinus armandii*)	10	4.34	1	1.05	8	1.64
8	油松(*Pinus tabuliformis*)	15	3.71	—	—	—	—
9	鲵蒴锥(*Castanopsis fissa*)	—	—	—	—	17	7.19
10	铁杉(*Tsuga chinensis*)	1	0.94	3	1.40	10	4.15
11	四照花(*Cornus kousa* subsp. *chinensis*)	8	1.63	—	—	12	4.47
12	白栎(*Quercus fabri*)	8	2.72	—	—	3	0.97
13	曼青冈(*Cyclobalanopsis oxyodon*)	10	3.46	4	1.49	—	—
14	鹅耳枥(*Carpinus turczaninowii*)	5	1.31	4	1.51	6	1.88
15	杜鹃(*Rhododendron simsii*)	5	1.29	7	1.67	6	1.29
16	细叶青冈(*Cyclobalanopsis gracilis*)	—	—	2	1.11	25	3.42
17	白桦(*Betula platyphylla*)	1	0.98	—	—	8	2.78
18	南酸枣(*Choerospondias axillaris*)	—	—	—	—	4	2.17
19	青榨槭(*Acer davidii*)	2	1.05	—	—	14	2.10
20	枹栎(*Quercus serrata*)	8	1.96	—	—	—	—

5.2.5　海拔对群落物种多样性的影响

通过对各海拔台湾水青冈群落的物种多样性分析，结果表明(表 5-6)，在低海拔台湾水青冈群落的样地中平均物种数为 28，中海拔样地中为 22，高海拔样地中为 33。此外，在丰富度(Margalef)指数、多样性(Shannon-Wiener)指数以及均匀度(Pielou)指数方面均显示为高海拔样地>低海拔样地>中海拔样地，具体为：高海拔样地的平均 Margalef 指数(4.64)大于低海拔样地(3.59)和中海拔样地(2.92)；高海拔样地的平均 Shannon-Wiener 指数(2.08)大于低海拔样地(1.28)和中海拔样地(1.03)；高海拔样地的平均 Pielou 指数(0.63)大于低海拔样地(0.44)和中海拔样地(0.36)。

表5-6　四川米仓山自然保护区台湾水青冈群落各层次的物种丰富度、多样性、均匀度指数

	低海拔			平均	中海拔			平均	高海拔			平均
	乔木	灌木	草本		乔木	灌木	草本		乔木	灌木	草本	
总种数	22	51	11	28	18	38	22	11	27	52	19	33
Margalef 指数	3.49	5.36	1.92	3.59	2.92	4.09	1.75	2.92	4.47	6.24	3.22	4.64
Shannon-Wiener 指数	2.13	0.61	1.11	1.28	1.85	0.48	0.77	1.03	2.24	1.88	2.12	2.08
Pielou 指数	0.69	0.16	0.46	0.44	0.64	0.13	0.32	0.36	0.68	0.48	0.72	0.63

5.3　讨　　论

　　植物群落分布特征和海拔之间的相互关系一直是生态学家研究的重要内容。本研究表明，四川米仓山自然保护区台湾水青冈群落的物种数量和多样性指数随海拔升高表现出"高、低海拔高，中海拔低"的特征。这一现象可能与群落中林下植物种类丰富程度有关。从野外调查的结果来看，中海拔地区群落的林下灌木层物种主要以箭竹(*Fargesia spathacea*)占绝对优势，往往成片分布。由于箭竹的密度和盖度非常高，为 52.31%～95.13%，使得林下其他植物很难生存。因此，与高或低海拔群落相比，中海拔群落中灌木和草本植物物种数的下降是导致群落物种数和多样性降低的主要原因。

　　在群落的区系组成方面，本研究发现不同海拔段台湾水青冈群落的植物区系均以北温带分布类型为主，且其所占比重与海拔呈正相关，分别为32.61%、35.00%和38.18%（表5-3）。一方面，这可能与米仓山自然保护区所处的地理区位有关；另一方面，也与台湾水青冈群落的分布范围及不同海拔的水热组合条件密不可分。从野外的调查结果来看，米仓山自然保护区地处大巴山山脉西段南坡，该区域的植物区系和植被具有明显的温带性特点(应俊生，1994)。此外，从台湾水青冈群落分布范围和不同海拔的水热组合条件来看，米仓山自然保护区台湾水青冈群落主要分布于1500～1900 m，群落间垂直分布的海拔跨度较大(近400 m)，温度和降水差异明显，根据郭柯等(1998)对喀喇昆仑山-昆仑山地区植物生活型组成的研究表明，在高山地带，温度是植物分布的限制因子。故随着海拔的升高，温带性质的分布类型逐渐增多而热带性质的分布类型逐渐减少。从而形成植物区系以北温带分布类型为主，且与海拔呈正相关的分布特点。

　　另外，本研究发现群落的生活型谱在整个海拔段上均以高位芽植物为主，其中低海拔占 66.67%、中海拔占 66.00%、高海拔占 58.75%，表现出高位芽植物的分

布与海拔呈负相关的特征。这一现象与蔡绪慎和黄加福(1990)对卧龙植物生活型垂直分布规律及郭柯等(1998)对喀喇昆仑山-昆仑山地区植物生活型组成的研究结果相一致，因此我们推测海拔可能是引起这一现象的主要原因。但由于本研究样地海拔跨度范围相对较小(1565～1896 m)，且影响植物生活型谱的除温度和降水外还有纬度、地形、物种年龄等因子(欧晓昆和金振洲，1996；方精云，2004；龙翠玲，2007)，所以该结果还有待进一步证实。

5.4　小　　结

四川米仓山国家级自然保护区内台湾水青冈群落中的植物种类随海拔变化有差异。高海拔台湾水青冈群落的物种数最多，具 33 科 55 属 98 种；其次为低海拔群落，具 32 科 46 属 84 种；而中海拔群落物种数最低，为 24 科 40 属 67 种。在不同海拔段，群落中植物区系均以北温带分布类型为主，且其所占比重与海拔呈正相关。群落的生活谱型在整个海拔段上主要以高位芽植物为主，其中低海拔占66.67%、中海拔占 66.00%、高海拔占 58.75%，其他生活型较少。群落乔木层中台湾水青冈的重要值随海拔上升不断增大，分别为 39.04、40.85 和 44.43。中海拔群落中的 Margalef 指数、Shannon-Wiener 指数及 Pielou 指数均低于其他海拔，具有物种种类少、多样性低的特点。

上述结果表明，四川米仓山国家级自然保护区内的台湾水青冈群落学特征在不同海拔段上已经表现出明显的差异：群落中北温带分布类型的植物比重和乔木层中台湾水青冈的重要值随海拔升高而增加，高位芽植物所占比重随海拔升高而减少；与高或低海拔相比，中海拔群落中物种的种数和多样性指数更低。

第6章 台湾水青冈的种群特征和生存力分析

种群的数量动态变化研究一直是种群生态学的重要内容，其基本的特征往往通过编制种群生命表来予以定量化。根据种群生命表所提供的数据，能获得存活率、死亡率、内禀增长率等种群特征参数和关键信息(李清河等，2009；韩路等，2010；李晓笑等，2011)，从而通过生存分析函数可以对种群生存现状和预计变化趋势进行分析(郑维列等，2009；刘贵峰等，2011)。此外，谱分析法作为分析事物周期性变化的方法，可以用来揭示种群数量分布的周期性波动，是研究林分分布波动和周期性年龄更替过程的工具(伍业钢和薛进轩，1988)。因此，种群生命表和谱分析法对研究种群数量动态和生存状况具有重要的参考价值。

从查阅的文献来看，国内外对台湾水青冈的研究主要集中在药效成分、分子遗传、群落特征等方面。如在药用成分方面，Lai 等(2012)发现台湾水青冈的嫩枝和绿叶的提取液中的三萜类化合物对 α-葡萄糖苷酶有抑制作用。在分子遗传方面，Ju 等(2012)使用微卫星引物对台湾水青冈进行了研究并指出部分多态位点可以用于遗传多样性研究。Denk 等(2005)根据 DNA 分子片段和形态学特征调查了水青冈属植物的系统发生学关系，并确定台湾水青冈为水青冈属的基位种。宋文静等(2009)对台湾水青冈的 ISSR-PCR 体系进行了优化。在群落特征方面，Hukusima 等(2005)发现台湾地区的台湾水青冈群落同邻近的常绿阔叶林拥有较少的共有种，并认为该地区的台湾水青冈林为残次林。张方钢(2001)对浙江清凉峰台湾水青冈群落的群落结构和变化作了调查，认为该地群落纯度高、稳定性强，且保存完好，是该地区中山地带落叶阔叶林的重要植被类型之一。何俊等(2008)研究了七姊妹山的台湾水青冈群落，发现该地群落结构呈倒金字塔型，属于衰退型群落。

综上，从种群数量特征方面对台湾水青冈的研究工作相对较少 [仅见于郭瑞等(2014)对浙江清凉峰台湾水青冈种群的更新研究]，尤其是在种群动态和生存分析方面的研究少见报道。由于种群的数量动态直接决定着种群的存活能力，其变化规律对掌握种群的龄级结构、种群动态和生活史的特征具有重要意义。旺苍县米仓山国家级自然保护区现存大量的台湾水青冈，成片分布区域较多(陈坚，2014)。这地台湾水青冈林具有分布广、林龄高、成树多的特点，非常适合全面调查台湾水青冈的生活周期，是台湾水青冈种群特征研究的最佳样地。因此，本章节以种群生命表及生存分析理论为基础，对米仓山国家级自然保护区的台湾水青冈种群统计特征进行初步分析，以期望揭示台湾水青冈的种群动态和种群生活史特征，为保护台湾水青冈提供理论支撑。

6.1　研　究　方　法

6.1.1　样地设置和调查方法

样地设置和调查方法参见第 2 章。

6.1.2　年龄结构分级方法

年龄结构是种群的重要要统计学参数，根据种群的年龄结构，可以知道种群过去及现在的更新情况（Agren and Zackrisson，1990）。由于台湾水青冈为国家二级重点保护植物，测定具体年龄会损伤树木，对其以年龄分级较为困难。许多学者将林木依胸径大小分级，取得了较好效果（Harper，1977；Rebertus and Veblen，1993；闫淑君等，2002；刘任涛等，2007）。关于种群龄级的划分方法，许多学者提出了不同的策略（江洪，1992；何亚平等，2008）。因此，参照前人方法综合考虑，按树高和胸径大小将台湾水青冈种群分为24级，分别是 H≤50 cm、50 cm<H<200 cm、H≥200 cm 且 DBH≤4 cm、4 cm<DBH≤8 cm、8 cm<DBH≤12 cm、12 cm<DBH≤16 cm、16 cm<DBH≤20 cm、20 cm<DBH≤24 cm、……，其中，第 1 级为幼苗（seedling），第 2 级为幼树（sapling），第 3 级为人幼树（tall sapling），其余为成体。统计各龄级的植株数，编制台湾水青冈种群静态生命表，进行分析。

6.1.3　生命表编制与生存分析

生命表的编制方法参见孙儒泳等（2002）的方法。生存分析函数主要包括：生存率函数 $S_{(i)}$、积累死亡率函数 $F_{(i)}$、死亡密度函数 $f_{(ti)}$、危险率函数 $\lambda_{(ti)}$。结合静态生命表的结果，估算公式如下：

$$S_{(i)} = S_1 \cdot S_2 \cdot S_3 \cdots S_i$$

$$F_{(i)} = 1 - S_{(i)}$$

$$f_{(ti)} = (S_{(i-1)} - S_{(i)}) / h_i$$

$$\lambda_{(ti)} = 2(1 - S_i) / [h_i(1 + S_i)]$$

其中，h_i 为龄级宽度。根据生存函数的估算值，绘制相应曲线。

6.1.4　匀滑技术

　　静态生命表与动态生命表不同，它是由某时刻种群内所有个体龄级的统计结果构成。因此，低龄级的个体数量比高龄级少的情况有时会出现在静态生命表中，这会导致死亡率为负值。Wratten 和 Fry（1980）认为，在静态生命表中出现死亡率为负值是不符合假设条件的。故本书采取匀滑技术进行处理（江洪，1992），得 a_x^*。

　　通过处理米仓山国家级自然保护区台湾水青冈种群调查资料得出结论：数据在第 3 至 15 龄级发生连续波动，第 4、第 14 和第 15 龄级的个体数量都比第 3 龄级多。第 19 至 24 龄级也发生相似的情况。静态生命表假设，种群的数量是稳定的，种群的龄级比例是不变的。因此，我们以存活数为对象，分别对第 3~15 龄级和第 19~24 龄级这 2 个组求和、平均数、最大差值以及组内龄级个数。经匀滑修正后，得到 a_x^*，据此编制台湾水青冈种群特定时间生命表。

6.1.5　谱分析方法

　　谱分析是由傅里叶级数的变换得到的，该分析方法可以揭示种群数量的周期性波动，是探讨林分分布波动性和年龄更替过程周期性的数学工具（Wu and Xie，1988；Wu and Liu，2000；陈远征等，2006）。台湾水青冈种群的天然更新过程可通过不同龄级株数分布波动而表现，复杂的周期现象可以由不同振幅和相应的谐波组成，具体方法参见伍业钢和薛进轩（1988）的方法。

6.2　研　究　结　果

6.2.1　种群的年龄结构和静态生命表

　　根据调查资料和龄级结构的划分标准，我们以米仓山国家级自然保护区老林沟样地为基础，在 200 m×200 m 区域范围内进行调查统计并编制了台湾水青冈种群静态生命表（表 6-1）。从总体上说，台湾水青冈种群结构呈金字塔型，且存在波动性。幼苗、幼树和小树占总数的 52%，第 4 龄级到第 17 龄级的个体数量占总数的 46%，老龄个体数量相对较少，整个种群处于成熟阶段。除第 1 和第 2 龄级阶段外，种群在第 4 和第 15 龄级出现了个体数量高峰。从第 5 龄级到第 13 龄级，个体数量相差不大。18 龄级后，个体数量非常稀少。种群个体的期望寿命由 e_x 表示，计算结果表明，台湾水青冈个体在第 2 龄级至第 11 龄级阶段具有很高的期望寿命。

表 6-1　台湾水青冈种群静态生命表

龄级	组中值	a_x	a_x^*	l_x	$\ln l_x$	d_x	q_x	L_x	T_x	e_x	k_x	S_x
1	—	395	395	1000	6.908	866	0.866	567	1893	1.893	2.010	0.134
2	—	53	53	134	4.898	35	0.261	117	1326	9.896	0.303	0.739
3	—	34	39	99	4.595	3	0.030	98	1209	12.212	0.031	0.970
4	6	52	38	96	4.564	2	0.021	95	1111	11.573	0.021	0.979
5	10	32	37	94	4.543	3	0.032	93	1016	10.809	0.032	0.968
6	14	28	36	91	4.511	2	0.022	90	923	10.143	0.022	0.978
7	18	25	35	89	4.489	3	0.034	88	833	9.360	0.035	0.966
8	22	28	34	86	4.454	2	0.023	85	745	8.663	0.023	0.977
9	26	23	33	84	4.431	3	0.036	83	660	7.857	0.037	0.964
10	30	33	32	81	4.394	3	0.037	80	577	7.123	0.037	0.963
11	34	31	31	78	4.357	2	0.026	77	497	6.372	0.026	0.974
12	38	30	30	76	4.331	3	0.039	75	420	5.526	0.041	0.961
13	42	27	29	73	4.290	2	0.027	72	345	4.726	0.027	0.973
14	46	38	28	71	4.263	3	0.042	70	273	3.845	0.043	0.958
15	50	45	27	68	4.220	17	0.250	60	203	2.985	0.288	0.750
16	54	20	20	51	3.932	13	0.255	45	143	2.804	0.294	0.745
17	58	15	15	38	3.638	15	0.395	31	98	2.579	0.503	0.605
18	62	9	9	23	3.135	8	0.348	19	67	2.913	0.427	0.652
19	66	3	6	15	2.708	2	0.133	14	48	3.200	0.143	0.867
20	70	1	5	13	2.565	3	0.231	12	34	2.615	0.262	0.769
21	74	0	4	10	2.303	2	0.200	9	22	2.200	0.224	0.800
22	78	3	3	8	2.079	3	0.375	7	13	1.625	0.470	0.625
23	82	1	2	5	1.609	2	0.400	4	6	1.200	0.510	0.600
24	86	2	1	3	1.099	3	1	2	2	0.667	1.099	0

注: a_x, 存活数; l_x, 存活量; d_x, 死亡量; q_x, 死亡率; L_x, 区间寿命; T_x, 总寿命; e_x, 期望寿命; k_x, 消失率; S_x, 存活率。

6.2.2　存活曲线分析

由存活曲线图(图 6-1)可以得出,台湾水青冈各龄级的存活数在幼苗阶段下降最快。从第 3 阶段起,台湾水青冈的死亡率降至整个种群的最低水平,该情况一直持续到第 15 龄级。第 15 龄级后,种群的死亡个体比例明显上升。大约 75%的第 15 龄级台湾水青冈能存活生长至第 16 龄级。存活率在第 16 至第 18 龄级较低,在第 19 龄级时出现明显升高。第 19 龄级以后其又开始逐渐下降且下降速度加快,该情况一直持续到最大龄级。存活曲线一般分为 3 种类型,即凸线型(Deevey Ⅰ),直线型(Deevey Ⅱ)和凹线型(Deevey Ⅲ)。该种群在幼苗阶段,存活数远多于其他阶段且生存率最低。因此，台湾水青冈种群的存活曲线应为 Deevey III型。

由公式换算关系可知，死亡率和消失率的变化趋势基本相同，且死亡率越小，二者的差也越小。从图 6-2 可知，死亡率和消失率均存在两个特征值：第一个特征值为最大值，发生在第 1 龄级，显示死亡率为 0.866，消失率为 2.010；第 2 个特征值为极大值，发生在第 17 龄级，显示死亡率为 0.395，消失率为 0.503。第 24 龄级的死亡率为 1，这是由于第 25 龄级个体数的观测值为 0。根据实地调查情况，这可能是由于调查的树木不够多，林龄不够长导致的。因此，"1"是对第 24 龄级死亡率的有偏估计，不能反映台湾水青冈种群的真实的状况，但仍能提供有用的信息。

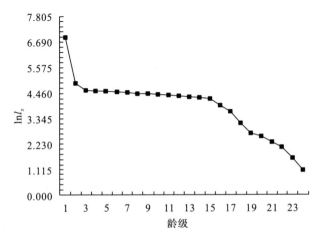

图 6-1　台湾水青冈种群的存活曲线

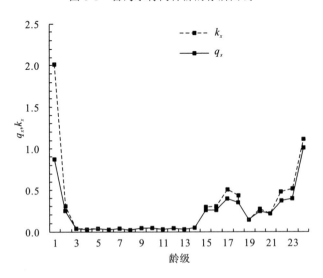

图 6-2　台湾水青冈种群死亡率(q_x)和消失率曲线(k_x)

6.2.3 生存分析

表 6-2 为台湾水青冈的生存分析函数估计值。根据种群的演替特性，种群生存率总是单调下降，而累计死亡率则是单调上升；根据公式变换可知，生存率和累计死亡率的和为 1，且两者变化趋势的大小互为相反数。由图 6-3 可知，种群生存率曲线和累计死亡率曲线都在第 2 龄级、第 14 龄级出现明显的转折，分别使曲线变化速度减慢和加快。到第 18 龄级以后，种群个体数量明显大幅减少，累计死亡率超过 98%。

表 6-2 生存分析函数估计值

龄级	组中值	$S_{(i)}$	$F_{(i)}$	$f_{(ti)}$	$fl_{(ti)}$	$\lambda_{(ti)}$
1	—	0.134	0.866	—	—	—
2	—	0.099	0.901	—	—	—
3	—	0.096	0.904	—	—	—
4	6	0.094	0.906	5.000E-04	0.050	0.005
5	10	0.091	0.909	7.500E-04	0.075	0.008
6	14	0.089	0.911	5.000E-04	0.050	0.006
7	18	0.086	0.914	7.500E-04	0.075	0.009
8	22	0.084	0.916	5.000F-04	0.050	0.006
9	26	0.081	0.919	7.500E-04	0.075	0.009
10	30	0.078	0.922	7.500E-04	0.075	0.009
11	34	0.076	0.924	5.000E-04	0.050	0.006
12	38	0.073	0.927	7.500E-04	0.075	0.010
13	42	0.071	0.929	5.000E-04	0.050	0.007
14	46	0.068	0.932	7.500E-04	0.075	0.011
15	50	0.051	0.949	4.250E-03	0.425	0.071
16	54	0.038	0.962	3.250E-03	0.325	0.073
17	58	0.023	0.977	3.750E-03	0.375	0.123
18	62	0.015	0.985	2.000E-03	0.200	0.105
19	66	0.013	0.987	5.000E-04	0.050	0.036
20	70	0.010	0.990	7.500E-04	0.075	0.065
21	74	0.008	0.992	5.000E-04	0.050	0.056
22	78	0.005	0.995	7.500E-04	0.075	0.115
23	82	0.003	0.997	5.000E-04	0.050	0.125
24	86	0.000	1.000	7.500E-04	0.075	0.500

注：$S_{(i)}$，生存率函数；$F_{(i)}$，累计死亡率函数；$f_{(ti)}$，死亡密度函数；$fl_{(ti)}$，相对死亡密度；$\lambda_{(ti)}$，危险率函数。

为了更方便地表达死亡密度曲线，我们对死亡密度函数乘以 100，得到相对死亡密度函数 $fl_{(ti)}$。$fl_{(ti)}$ 与 $f_{(ti)}$ 有相同的变化速度。由图 6-4 可知，台湾水青冈种群的死亡密度和危险率变化趋势基本一致，都在第 17 龄级出现极大值。4 个生存函数表明，台湾水青冈具有前期锐减、中期稳定、后期衰退的特点。

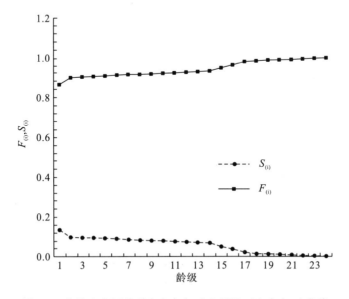

图 6-3   台湾水青冈种群生存率 $(S_{(i)})$ 和累计死亡率 $(F_{(i)})$ 曲线

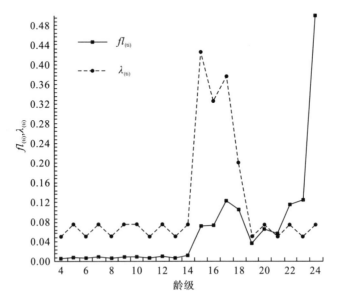

图 6-4   台湾水青冈种群相对死亡密度 $(fl_{(ti)})$ 和危险率 $(\lambda_{(ti)})$ 曲线

6.2.4　谱分析

由表 6-3 可知，在振幅 A_k 值中基波 A_1=1.30 和谐波 A_2=1.11 为最大的 2 个值。这表明台湾水青冈种群不仅表现出明显的基本周期，而且基本周期还不稳定。基本周期反映了台湾水青冈种群的生物学特征，显示了台湾水青冈个体生命周期的时间长度。从表 6-3 还可看出，台湾水青冈种群动态也表现出较短的周期波动，如 A_3、A_7。A_3 处的波动与台湾水青冈的高生长有关，此处波动约在空间序列径级小于 10 cm 处，对应于第 5 龄级；A_7 的波动约在空间序列径级 40～44 cm 处，对应于第 13 龄级，A_7 的波动与径向生长期的激烈竞争有关。台湾水青冈种群数量动态的谱分析表明，台湾水青冈种群数量动态的波动性不是由单一周期表现出来的，而是多个周期的共同作用的结果。种群周期性的波动也和种群所处生境有关，同时也符合稳定植物群落中优势种群自我更新的特点。

表 6-3　台湾水青冈种群的周期性波动

谐波	A_1	A_2	A_3	A_4	A_5	A_6	A_7	A_8	A_9	A_{10}	A_{11}	A_{12}
振幅值	1.30	1.11	0.25	0.06	0.06	0.09	0.21	0.15	0.15	0.10	0.03	0.01

6.3　讨　　论

了解台湾水青冈生长和天然更新过程所受到的各种作用，对于保护台湾水青冈有重大的意义。分析结果表明，台湾水青冈种群的存活曲线为凹线型。台湾水青冈种群在第 1 龄级、第 2 龄级出现了死亡高峰。植物有机体作为复杂群落中的一部分，其生长受到生物因素和非生物因素的双重影响。样地调查结果显示：台湾水青冈在幼苗和幼树阶段呈明显的聚集分布。这可能与其生物生态学特性有关（肖宜安等，2004；张志祥等，2008）。台湾水青冈依靠种子繁殖，无萌生苗。其果实为坚果，种子无翅，散布距离一般不远。另外，该处的沟谷地形也加重了种子的散布困难。随着台湾水青冈群落的演替发展，幼苗对营养和光照的需求不断增加，与邻近个体和上层乔木以及下层灌木间的生态位重叠不断加大，生存环境变得困难的个体开始增多。当林内的养分、光照无法满足其生长所需的临界点时，死亡率提高，自疏作用出现并逐渐加强。从第 3 龄级到第 17 龄级，台湾水青冈种群个体的死亡率明显较低，这表明个体在该区间竞争压力小，自疏作用较弱。这可能是由于台湾水青冈种群密度较低，种群规模未达到环境容纳量上限。第 17 龄级后，台湾水青冈死亡率升高。这可能是由于潮湿陡峭的山地、强烈的季节风等增加了老树毁坏的范围（Pócs，1980）。调查结果也发现，掘根倒木和主干折断是导致大部分台湾水青冈成体死亡的直接原因，其中倒木所占的比例明显较大。

　　动物行为对处于某些生活史阶段的台湾水青冈有重要作用。影响地面种子库中种子命运的主要因素为动物(尤其是小型啮齿动物)的捕食和搬运作用(刘映良和薛建辉，2010)。壳斗科植物的果实包含丰富的蛋白质、碳水化合物和脂肪，是鸟类和小型兽类优良的食物来源(肖治术等，2001)。刘映良和薛建辉(2010)在鼠类对水青冈种子命运的影响的研究中发现，鼠类转运和就地消耗是影响水青冈种子命运的主要因素。因此，我们也认为啮齿类动物的采食行为对台湾水青冈种子的散布有潜在的影响。人为活动对于台湾水青冈的保护和种群的发展都有影响。在调查区域，我们发现了居民采药而对水青冈幼苗造成践踏的痕迹。这对台湾水青冈种群的更新产生了消极影响。米仓山台湾水青冈早年遭受砍伐较严重，现有面积较小，且多为零星分布，本样地中的台湾水青冈纯林已经相当少(陈坚，2014)。保持一定规模的种群可以有效消除种群随机灭绝的风险。但台湾水青冈群落周围的林分植被覆盖良好且郁闭度高，通过天然更替的方式扩大台湾水青冈种群规模较为困难。

　　生存分析函数是研究种群动态的有力工具。分析结果表明，随着龄级的增大，生存率逐渐接近 0，累计死亡率逐渐接近 1，它们是同一种变化过程的两种描述形式。死亡密度曲线与危险率曲线的变化形式基本一致，但在某些阶段差别较大。这是因为死亡密度曲线以龄级内死亡个体数量为参照，而危险率曲线以龄级内死亡个体比例为参照。由观察可知，从第 19 龄级到第 24 龄级，每龄级内个体死亡数为 2～3，此时种群死亡密度基本不变，而危险率则显著升高。该差异表明，种群个体数较少时，种群的随机性会增加，此时生命表数据有可能不能准确地反映种群个体的真实生存能力，个体的危险率有可能被高估。谱分析可以应用于种群动态的周期性波动研究。谱分析结果表明，台湾水青冈种群存在明显的周期性，且基波 A_1 的波幅最大。这表明台湾水青冈种群的数量动态明显受台湾水青冈的生命周期特性控制。但可能由于所调查的台湾水青冈种群密度不够高，年龄还不够大，较大径级为 84～88 cm，时间系列还不够长，不能完整表现出基本周期，林分还未进入成熟阶段，不能表现出稳定的固有周期。

6.4　小　　结

　　台湾水青冈种群幼苗和幼树、小树占总数的 52%，中龄级个体占总数的 46%，老树较少，种群年龄结构为稳定型，种群处于成熟阶段，种群更替无障碍。死亡率在第 1 龄级呈最大值，在第 17 龄级呈峰值。生存率下降趋势总体较平滑但中间出现 2 次大的降幅，累计死亡率则相反。谱分析结果显示，台湾水青冈种群更新过程存在着明显的周期性。振幅 A_k 最大的 2 个值分别位于基波 A_1 和谐波 A_2 处，显示了台湾水青冈个体生命周期的时间长度。台湾水青冈种群数量动态除受基波

A_1 和谐波 A_2 影响外，还表现出特别明显的小周期波动，如 A_3 和 A_7。A_3 处的波动与台湾水青冈的高生长有关，而 A_7 的波动与径向生长期的激烈竞争有关。本研究揭示了该地台湾水青冈种群数量动态变化趋势符合 Deevey III型，种群动态具有前期锐减、中期稳定和后期衰退的特点。

第7章 海拔对台湾水青冈种群生存力的影响

海拔的变化会造成气候、环境、干扰等各种影响植物生存的因素发生变化(张育新等，2009)。因此，海拔是影响植物生长的重要因子。许多研究表明，植物群落的分布和种群的特征会受到海拔的影响。如朱源等(2008)对贺兰山的森林和灌丛群落进行了研究，分析了物种多样性的海拔分布格局，发现海拔是影响物种丰富度的重要因子。田怀珍和邢福武(2008)对南岭国家级自然保护区兰科植物的海拔分布进行了研究，发现兰科植物物种数量均呈现中间多高低少的特点。王丹等(2010)从分子层面上研究了不同海拔环境下茶条槭(*Acer tataricum* subsp. *ginnala*)种群的遗传多样性和遗传结构特征，发现海拔导致的环境异质性是引起种群差异的重要因素。姬志峰等(2012)对山西五角枫(*Acer mono*)不同海拔种群表型变异程度和变异规律进行了研究，并发现7个不同海拔种群具有较高的表型多样性。此外，高福元等(2014)对不同海拔的狼毒(*Stellera chamaejasme*)种群进行了研究，并得出各株级狼毒分布的变化随着海拔的升高各不相同。刘建泉和孙建忠(2012)研究了东大河林区金露梅(*Potentilla fruticosa*)种群的基本特征，得出了种群格局指数值在海拔2990m处最大的结论。

目前，有关植物种群的生存动态与海拔间关系的研究还相对较少，仅见张维等(2015)对野核桃自然保护区4条沟谷的不同海拔的新疆野核桃种群的现存状态、未来种群的发展趋势预测进行了研究，并发现种群的数量动态变化明显受野核桃种群整个生命周期生物学特征的基波影响，并具有大周期内多谐波迭加的小周期波动特征。然而，有关国家濒危植物种群的生存力与海拔之间的相关性研究暂未见报道。我们在前期调查中发现不同海拔的台湾水青冈种群具有明显的差异，故以种群生命表为基础，通过使用生存分析理论和谱分析法，分析米仓山国家级自然保护区内不同海拔的台湾水青冈的种群结构特征，揭示台湾水青冈种群在不同海拔环境中的存活差异，以便更好地解决台湾水青冈种群生存更新中所面临的问题，为保护台湾水青冈种群提供理论支撑。

7.1 研 究 方 法

7.1.1 样地设置和调查方法

样地设置和调查方法参见第2章。

7.1.2　年龄结构分级方法

年龄结构分级方法详见 6.1.2 节。

7.1.3　生命表编制与生存分析

生命表的编制与生存分析方法详见 6.1.3 节。

7.1.4　匀滑技术

匀滑技术方法详见 6.1.4 节。

7.1.5　谱分析方法

谱分析方法详见 6.1.5 节。

7.2　研　究　结　果

7.2.1　不同海拔的台湾水青冈种群年龄结构

年龄结构能直观地展现物种种群的生存状况，也能揭示其种群生活史特征。本书据调查资料和龄级结构的划分标准，绘制了不同群落中台湾水青冈种群的年龄结构图。图 7-1～图 7-3 显示的是不同海拔梯度条件下台湾水青冈种群的年龄结构。从图 7-1 可以看出，低海拔台湾水青冈种群第 1 级个体数较其后的 4 级个体数都少，该种群的年龄结构呈稳定型。但由于从第 11 级起个体数变为 0，考虑到台湾水青冈的寿命，我们可以得出该种群的幼年个体数在种群中占较大比例，因此该种群属于增长型。在第 4、第 6、第 9 龄级处，个体数出现较大波动，而第 4、第 5 级和第 7、第 8 级个体数分别相等，表明种群死亡率波动较大。

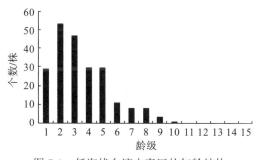

图 7-1　低海拔台湾水青冈的年龄结构

从图 7-2 可以看出，中海拔的种群结构图呈明显的倒"J"形，处于增长阶段，为增长型。从第 1 级起，随着龄级的增大，个体减少数量越来越少。这表明种群的死亡率越来越小，趋于稳定。从第 12 龄级起个体数为 0，表明种群还处于发展阶段。

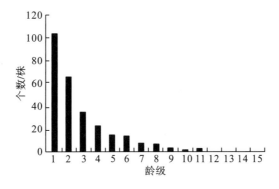

图 7-2　中海拔台湾水青冈的年龄结构

从图 7-3 可以看出，高海拔的种群结构图呈波浪形。除了第 1 级个体数和最后 4 级个体数外，各龄级的个体数较为平均，成年个体数占多数，因此该种群为稳定型。第 1 级个体数多表明该种群更新良好。最后 4 级个体数剧减，表明台湾水青冈进入衰亡年龄。

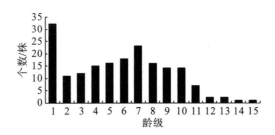

图 7-3　高海拔台湾水青冈的年龄结构

7.2.2　不同海拔的台湾水青冈种群生命表

根据调查资料和龄级结构的划分标准,编制台湾水青冈种群静态生命表(表 7-1,表 7-2 和表 7-3)。由表 7-1 可知,低海拔的台湾水青冈种群结构大致呈金字塔形且存在波动性。幼树和小树占总数的 58.6%,第 4 龄级到第 10 龄级的个体数量占总数的 41.4%,老龄个体数量没有。第 1 龄级较第 2 龄级个体数少,种群更新存在波动性。从第 2 龄级起,个体数逐渐减少。在第 4、第 5 龄级和第 7、第 8 龄级处,个体数量分别相同,个体减少出现停滞。10 龄级后,个体数量消失。种群个体的

期望寿命由 e_x 表示，计算结果表明，台湾水青冈个体在第 1 龄级至第 7 龄级阶段都具有较高的期望寿命。

表 7-1　低海拔台湾水青冈种群静态生命表

龄级	组中值	a_x	a_x^*	l_x	$\ln l_x$	d_x	q_x	L_x	T_x	e_x	k_x	S_x
1	1	29	48	1000	6.908	104	0.104	948	4083	4.083	0.110	0.896
2	4.5	53	43	896	6.798	104	0.116	844	3135	3.500	0.124	0.884
3	10	47	38	792	6.674	104	0.132	740	2292	2.895	0.141	0.868
4	16	30	33	688	6.533	125	0.182	625	1552	2.258	0.201	0.818
5	22	30	27	563	6.332	333	0.593	396	927	1.648	0.898	0.407
6	28	11	11	229	5.434	63	0.273	198	531	2.318	0.318	0.727
7	34	8	8	167	5.116	0	0.000	167	333	2	0	1
8	40	8	8	167	5.116	104	0.625	115	167	1.000	0.981	0.375
9	46	8	3	63	4.135	42	0.667	42	52	0.833	1.099	0.333
10	52	1	1	21	3.037	21	1.000	10	10	0.500	3.037	0

注：a_x，存活数；l_x，存活量；d_x，死亡量；q_x，死亡率；L_x，区间寿命；T_x，总寿命；e_x，期望寿命；k_x，消失率；S_x，存活率。

从表 7-2 可知，中海拔梯度的台湾水青冈种群结构相当稳定。幼树和小树占总数的 58%，第 4 龄级到第 10 龄级的个体数量占总数的 40%，老龄个体数量非常稀少。从第 2 龄级起，个体数逐渐减少，且减少趋势从总体上来说逐渐减弱。在第 14、第 15 龄级处，个体数量相同。第 11 龄级比第 10 龄级个体数量多，这可能是由于种群的随机因数引起的。11 龄级后，个体数量消失。计算结果表明，台湾水青冈个体在第 1 至第 9 龄级均具有很高的期望寿命。

表 7-2　中海拔台湾水青冈种群静态生命表

龄级	组中值	a_x	a_x^*	l_x	$\ln l_x$	d_x	q_x	L_x	T_x	e_x	k_x	S_x
1	1	104	104	1000	6.908	365	0.365	817	2173	2.173	0.455	0.635
2	4.5	66	66	635	6.453	298	0.470	486	1356	2.136	0.634	0.530
3	10	35	35	337	5.819	115	0.343	279	870	2.586	0.420	0.657
4	16	23	23	221	5.399	87	0.391	178	591	2.674	0.496	0.609
5	22	14	14	135	4.902	0	0	135	413	3.071	0	1
6	28	14	14	135	4.902	58	0.429	106	279	2.071	0.560	0.571
7	34	8	8	77	4.343	19	0.250	67	173	2.250	0.288	0.750
8	40	6	6	58	4.055	29	0.500	43	106	1.833	0.693	0.500
9	46	3	3	29	3.362	0	0	29	63	2.167	0	1
10	52	2	3	29	3.362	10	0.333	24	34	1.167	0.405	0.667
11	58	3	2	19	2.957	19	1	10	10	0.500	2.957	0

注：a_x，存活数；l_x，存活量；d_x，死亡量；q_x，死亡率；L_x，区间寿命；T_x，总寿命；e_x，期望寿命；k_x，消失率；S_x，存活率。

由表 7-3 可知，高海拔的台湾水青冈种群结构大体上呈纺锤形，且存在明显的波动。幼苗、幼树和小树占总数的 30%，第 4 龄级到第 10 龄级的个体数量占总数的 63%，老龄个体数量只占 7%，整个种群处于成熟阶段。种群在第 1 龄级出现了个体数量高峰。从第 2 龄级到第 10 龄级，个体数量相差不大。11 龄级后，个体数量非常稀少。计算结果表明，除最后龄级外，台湾水青冈个体都具有很高的期望寿命。

表 7-3　高海拔台湾水青冈种群静态生命表

龄级	组中值	a_x	a_x^*	l_x	$\ln l_x$	d_x	q_x	L_x	T_x	e_x	k_x	S_x
1	1	32	32	1000	6.908	375	0.375	813	5250	5.250	0.470	0.625
2	4.5	11	20	625	6.438	31	0.050	609	4438	7.100	0.051	0.950
3	10	12	19	594	6.386	31	0.053	578	3828	6.447	0.054	0.947
4	16	15	18	563	6.332	31	0.056	547	3250	5.778	0.057	0.944
5	22	16	17	531	6.275	63	0.118	500	2703	5.088	0.125	0.882
6	28	18	15	469	6.150	31	0.067	453	2203	4.700	0.069	0.933
7	34	23	14	438	6.081	31	0.071	422	1750	4.000	0.074	0.929
8	40	16	13	406	6.007	31	0.077	391	1328	3.269	0.080	0.923
9	46	14	12	375	5.927	31	0.083	359	938	2.500	0.087	0.917
10	52	14	11	344	5.840	125	0.364	281	578	1.682	0.452	0.636
11	58	7	7	219	5.388	156	0.714	141	297	1.357	1.253	0.286
12	64	2	2	63	4.135	0	0	63	156	2.500	0	1
13	70	2	2	63	4.135	31	0.500	47	94	1.500	0.693	0.500
14	76	1	1	31	3.442	0	0	31	47	1.500	0	1
15	82	1	1	31	3.442	31	1	16	16	0.500	3.442	0

注，a_x，存活数；l_x，存活量；d_x，死亡量；q_x，死亡率；L_x，区间寿命；T_x，总寿命；e_x，期望寿命；k_x，消失率；S_x，存活率。

7.2.3　不同海拔的存活曲线分析

图 7-4、图 7-5 和图 7-6 为不同海拔的台湾水青冈种群的存活曲线图。由图 7-4 可知，低海拔种群的生存曲线总体上呈凸线型，但在第 6、第 7 龄级出现凹陷；在第 1～4 龄级时，台湾水青冈的存活数下降幅度稳定；台湾水青冈的死亡数在第 5 龄级增大，然后减小，再在第 8 龄级处增大，且持续到结束。存活曲线一般分为 3 种类型，即凸线型（Deevey Ⅰ）、直线型（Deevey Ⅱ）和凹线型（Deevey Ⅲ）。该种群的存活率总体上呈逐渐下降的趋势。因此，低海拔的台湾水青冈种群的存活曲线应为 Deevey Ⅰ型。

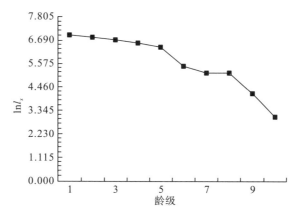

图 7-4 低海拔台湾水青冈种群的存活曲线

由图 7-5 可知,中海拔种群的生存曲线基本呈直线型。在第 5～6 龄级和第 9～10 龄级时,台湾水青冈的存活数没有发生下降;在其他阶段,台湾水青冈的死亡率保持稳定,但会出现一定波动。中海拔种群的存活率基本保持平稳,为 Deevey Ⅱ型。

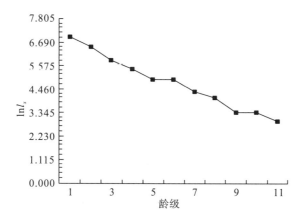

图 7-5 中海拔台湾水青冈种群的存活曲线

由图 7-6 可知,高海拔种群生存曲线的变化波动较大,但总体上说仍呈凸线型。在第 1 龄级时,台湾水青冈的死亡数下降较快,此后变缓且保持平稳;在第 10 龄级时,台湾水青冈的存活数下降速度加快且在第 11 龄级时呈最大值;在第 12～13 龄级和第 14～15 龄级时,台湾水青冈的存活数没有发生下降。虽然高海拔种群的存活率变化较大,但从总体上来看仍呈逐渐减小的趋势,为 Deevey Ⅰ型。

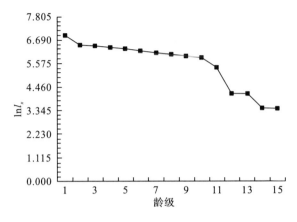

图 7-6　高海拔台湾水青冈种群的存活曲线

　　图 7-7、图 7-8 和图 7-9 为不同海拔梯度条件下台湾水青冈种群的死亡率和消失率图。

　　由公式换算关系可知，死亡率和消失率的变化趋势基本相同，且死亡率越小，二者的差也越小。从图 7-7 可知，低海拔种群的死亡率和消失率均存在 1 个极大值，发生在第 5 龄级，显示死亡率为 59.3%，消失率为 0.898。从图 7-8 可知，中海拔种群的死亡率和消失率呈波浪状，表现出多个极值。其中，较为明显的值在第 8 龄级，显示死亡率为 50%，消失率为 0.693。从图 7-9 可知，高海拔种群的死亡率和消失率呈现出前期稳定，后期变化加剧的趋势。其死亡率和消失率均存在 2 个极大值：第 1 个极大值在第 11 龄级，显示死亡率为 71.4%，消失率为 1.253；第 2 个极大值在第 13 龄级，显示死亡率和消失率分别为 50% 和 0.693。图 7-7、图 7-8 和图 7-9 均存在死亡率和消失率为 0 的点，且可以分为 2 类：第 1 类为低海拔的第 7 龄级和中海拔的第 5 龄级；第 2 类为中海拔的第 9 龄级和高海拔的第 12 和第 14 龄级。第 1 类发生时，该龄级的个体较多，显示该阶段的死亡率和消失率缺失较低；第 2 类发生时，处于该龄级的个体较少，有可能是由于种群的随机因素造成的。各海拔的最后龄级的死亡率为 1，由公式可知，造成该现象的原因是其后一龄级个体数的观测值为 0。根据实地调查情况，这可能是由于调查的树木不够多，林龄不够长导致的。因此，"1"是对最后龄级死亡率的有偏估计，不能反映台湾水青冈种群的真实的状况，但仍能提供有用的信息。三图相比较可知，低海拔台湾水青冈种群在第 1 龄级的死亡率比其他海拔都低。中海拔台湾水青冈的死亡率曲线与低海拔基本呈相互交错的状态。高海拔台湾水青冈种群的死亡率在第 1 龄级和中海拔差异很小，此后大幅度减小，并一直保持最低或者次低。通过不同种群同一龄级值的比较，各值之间的差异可以作为极值偏差大小的参照，对正确评估种群的现状有重要意义。

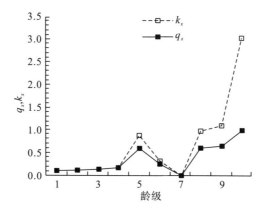

图 7-7　低海拔台湾水青冈种群死亡率(q_x)和消失率曲线(k_x)

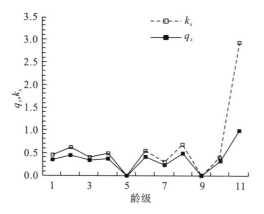

图 7-8　中海拔台湾水青冈种群死亡率(q_x)和消失率曲线(k_x)

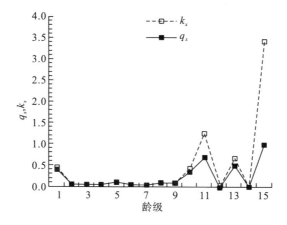

图 7-9　高海拔台湾水青冈种群死亡率(q_x)和消失率曲线(k_x)

7.2.4 不同海拔的生存分析

根据种群的演替特性，种群生存率总是单调下降的，而累计死亡率则是单调上升的；根据公式变换可知，生存率和累计死亡率的和为 1，且两者变化趋势的大小互为相反数。由图 7-10 可知，低海拔的种群生存率曲线和累计死亡率曲线都在第 4 龄级出现较大幅度变化，使曲线变化速度加快，随后又变缓直到结束。第 9 龄级以后，种群个体数量明显大幅减少，累计死亡率超过 97.9%。

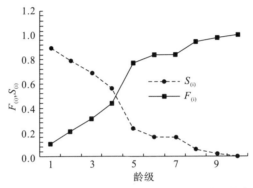

图 7-10　低海拔台湾水青冈种群生存率($S_{(i)}$)和累计死亡率($F_{(i)}$)曲线

由图 7-11 可知，中海拔的种群生存率曲线和累计死亡率曲线变化幅度随着龄级的增大逐渐呈减小趋势。第 10 龄级以后，累计死亡率超过 98%。

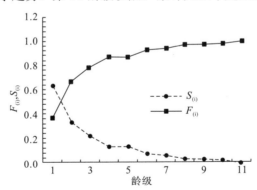

图 7-11　中海拔台湾水青冈种群生存率($S_{(i)}$)和累计死亡率($F_{(i)}$)曲线

由图 7-12 可知，高海拔的种群生存率曲线和累计死亡率曲线基本保持平稳，但在第 9 和第 10 龄级增幅较大。第 14 龄级以后，累计死亡率超过 96.9%。对三个海拔梯度的台湾水青冈种群的生存率和累计死亡率曲线图的比较可以发现，低海拔曲线图变化幅度从整体来说都比较大，中海拔越到后期曲线越匀滑，高海拔有前期平稳后期波动大的特点。

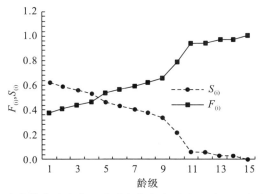

图 7-12　高海拔台湾水青冈种群生存率 $(S_{(i)})$ 和累计死亡率 $(F_{(i)})$ 曲线

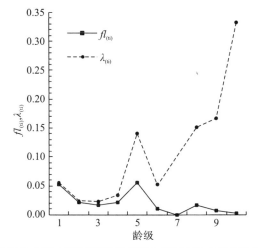

图 7-13　低海拔台湾水青冈种群相对死亡密度 $(fl_{(ti)})$ 和危险率 $(\lambda_{(ti)})$ 曲线

表 7-4　低海拔生存分析函数估计值

龄级	组中值	$S_{(i)}$	$F_{(i)}$	$fl_{(ti)}$	$\lambda_{(ti)}$
1	1	0.896	0.104	0.052	0.055
2	4.5	0.792	0.208	0.021	0.025
3	10	0.688	0.313	0.017	0.023
4	16	0.563	0.438	0.021	0.033
5	22	0.229	0.771	0.056	0.140
6	28	0.167	0.833	0.010	0.053
7	34	0.167	0.833	0.000	0.000
8	40	0.063	0.938	0.017	0.152
9	46	0.021	0.979	0.007	0.167
10	52	0.000	1.000	0.003	0.333

注：$S_{(i)}$，生存率函数；$F_{(i)}$，累计死亡率函数；$fl_{(ti)}$，死亡密度函数；$\lambda_{(ti)}$，危险率函数。

  由图 7-13、表 7-4 可知，低海拔的台湾水青冈种群的死亡密度和危险率变化趋势基本一致，在第 5 龄级出现极大值。

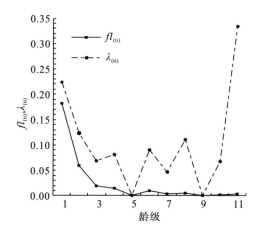

图 7-14 中海拔台湾水青冈种群相对死亡密度($fl_{(ti)}$)和危险率($\lambda_{(ti)}$)曲线

表 7-5 中海拔生存分析函数估计值

龄级	组中值	$S_{(i)}$	$F_{(i)}$	$fl_{(ti)}$	$\lambda_{(ti)}$
1	1	0.635	0.365	0.183	0.224
2	4.5	0.337	0.663	0.060	0.123
3	10	0.221	0.779	0.019	0.069
4	16	0.135	0.865	0.014	0.081
5	22	0.135	0.865	0.000	0.000
6	28	0.077	0.923	0.010	0.091
7	34	0.058	0.942	0.003	0.048
8	40	0.029	0.971	0.005	0.111
9	46	0.029	0.971	0.000	0.000
10	52	0.019	0.981	0.002	0.067
11	58	0.000	1.000	0.003	0.333

注：$S_{(i)}$，生存率函数；$F_{(i)}$，累计死亡率函数；$fl_{(ti)}$，死亡密度函数；$\lambda_{(ti)}$，危险率函数。

  由图 7-14、表 7-5 可知，中海拔的台湾水青冈种群的死亡密度和危险率变化趋势基本一致，在第 4、第 6 和第 8 龄级出现较大值。

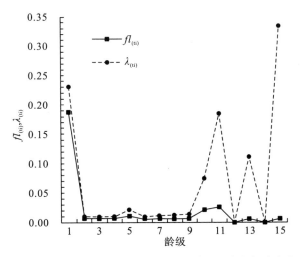

图 7-15　高海拔台湾水青冈种群相对死亡密度 ($fl_{(ti)}$) 和危险率 ($\lambda_{(ti)}$) 曲线

表 7-6　高海拔生存分析函数估计值

龄级	组中值	$S_{(i)}$	$F_{(i)}$	$fl_{(ti)}$	$\lambda_{(ti)}$
1	1	0.625	0.375	0.188	0.231
2	4.5	0.594	0.406	0.006	0.010
3	10	0.563	0.438	0.005	0.009
4	16	0.531	0.469	0.005	0.010
5	22	0.469	0.531	0.010	0.021
6	28	0.438	0.563	0.005	0.011
7	34	0.406	0.594	0.005	0.012
8	40	0.375	0.625	0.005	0.013
9	46	0.344	0.656	0.005	0.014
10	52	0.219	0.781	0.021	0.074
11	58	0.063	0.938	0.026	0.185
12	64	0.063	0.938	0.000	0.000
13	70	0.031	0.969	0.005	0.111
14	76	0.031	0.969	0.000	0.000
15	82	0.000	1.000	0.005	0.333

注：$S_{(i)}$，生存率函数；$F_{(i)}$，累计死亡率函数；$fl_{(ti)}$，死亡密度函数；$\lambda_{(ti)}$，危险率函数。

　　由图 7-15、表 7-6 可知，高海拔的台湾水青冈种群的死亡密度和危险率变化趋势基本一致，在第 10、第 11 和第 13 龄级出现较大值。

7.2.5　谱分析

表 7-7 为不同海拔梯度条件下台湾水青冈种群的谱分析结果。由表 7-7 可知，在振幅 A_k 值中，低海拔台湾水青冈种群和高海拔种群各有 1 个最大值，分别为基波 A_1=7.70 和基波 A_1=7.60，而其余各值明显较小。这表明低海拔和中海拔台湾水青冈种群表现出明显的周期性。中海拔台湾水青冈种群存在基波 A_1=1.66 和谐波 A_2=0.60 两个最大值。这表明台湾水青冈种群不仅表现出明显的基本周期，而且基本周期还不稳定。基本周期反映了台湾水青冈种群的生物学特征，显示了台湾水青冈个体生命周期的时间长度。从表 8-7 还可看出，台湾水青冈种群动态也表现出较短的周期波动，如低海拔和高海拔的 A_5。A_5 的波动约在空间序列径级 43～49 cm 处，对应于第 9 龄级，与径向生长期的激烈竞争有关。A_5 处的波动对应 2～3 个龄级，表明种群内个体以 2～3 个龄级长度为划分，每个分段内个体之间的生存竞争较强（伍业钢和薛进轩，1988）。中海拔的台湾水青冈种群不存在明显的短周期波动。

表 7-7　不同海拔梯度条件下的台湾水青冈种群的周期性波动

海拔梯度	A_1	A_2	A_3	A_4	A_5	A_6	A_7
低海拔	7.70	1.46	1.36	0.16	0.45	—	—
中海拔	1.66	0.60	0.19	0.11	0.09		
高海拔	7.60	1.96	0.81	0.32	1.20	0.53	0.37

7.3　讨　　论

了解不同海拔梯度条件下台湾水青冈种群的生长状况对于保护台湾水青冈有重大的意义。海拔发生变化，影响植物种群更新的各种因素也会直接或者间接地发生变化。米仓山地区海拔低的台湾水青冈种群的大龄个体缺失剧烈（表 7-1），低海拔比中海拔和高海拔分别少 1 和 5 个龄级段。龄级数量的明显差异是种群发育历史、生物因素和非生物因素综合作用的结果（张维等，2015）。造成低海拔台湾水青冈种群龄级普遍偏低的原因可能与人为干扰有关。干扰造成低海拔大龄级树木缺失，干扰强度在一定程度上由缺失的程度所反映。据有关资料记载，早年间米仓山地区对树木进行了大规模的砍伐。海拔升高，砍伐难度加大，砍伐活动减弱，这与龄级缺失结果相符。

随海拔的升高，米仓山台湾水青冈个体的期望寿命总体上来说呈增大的趋势，且这种趋势随着龄级的增大而越来越明显。这可能是由台湾水青冈的生存特性所造成的。台湾水青冈喜冷、耐阴，在海拔较高的地区具有较强的生存力。各海拔梯度上的台湾水青冈的期望寿命基本上都随着龄级的增加而减少，这符合种群的预期寿命特性。但其在个别地方会出现例外。低海拔的第 6 龄级，中海拔的第 5、第 9 龄级和高海拔的第 1、第 12 龄级各自都较后一龄级小。这表明台湾水青冈种群存在明显的波动，且随着海拔的增加，波动的数量和幅度都有变大的趋势。这可能是由于不同海拔条件下不同种群所选择的生存策略不同，也可能是种群生长发育过程中所遇到的非随机因素造成的(张维等，2015)，而这些非随机因素会随着种群寿命长度的增加而增加。

　　总体上来说，各海拔台湾水青冈的死亡率随龄级的增大呈现逐渐增加的规律。这可能是由于台湾水青冈随着个体龄级的增大，竞争越来越大，生存空间越来越小。台湾水青冈种群的死亡率在后期还呈现出随海拔增大死亡率越来越小的特点。植物作为个体，在其生长过程所受到的重要作用一直来自环境。个体在经历过前期剧烈的筛选以后，其生长所面临的环境开始变得稳定，而海拔的增加会降低环境中生物作用的活性，增大环境的稳定度。高海拔台湾水青冈种群在第 1 龄级都出现了死亡高峰，这可能与其种群现状和生物生态学特性有关(肖宜安等，2004；张志祥等，2008)。高海拔地区台湾水青冈龄级大，在群落中占优势，具有繁殖优势，种子产量大，使得幼苗数量多。随着台湾水青冈群落的演替发展，幼苗对营养和光照的需求不断增加，与邻近个体和上层乔木以及下层灌木间的生态位重叠不断加大，生存环境变得困难的个体开始增多。台湾水青冈作为植物个体，自身在生长过程中会受到环境的影响，包括生物环境和非生物环境。根据调查地的统计资料发现，中海拔台湾水青冈种群在前期死亡率高可能是由于前期个体数量大，个体间相互竞争激烈。后期死亡率高可能原因是：样地坡度较大，坡向朝南居多，群落郁闭度较低，光照较充足，与高海拔样地相比，适合阳生植物生长。这导致群落丰富度增大，种间竞争激烈。另外，较大的坡度也容易造成倒树。低海拔台湾水青冈死亡率在第 8 和第 9 龄级均较高，这可能是因为低海拔样地普遍朝南或者偏南，自然光照条件较中海拔样地更大，种间竞争更加激烈。

　　各海拔的种群存活率曲线在前期相互交错，显示了种群生存率的波动性，这表明不同海拔梯度条件下的台湾水青冈种群在不同的生活阶段其选择的策略也是不同的。谱分析结果表明，3 个海拔梯度的台湾水青冈种群均存在明显的周期性，且基波 A_1 的波幅最大。这表明台湾水青冈种群的数量动态明显受台湾水青冈的生命周期特性控制。与高低海拔相比，中海拔的台湾水青冈种群的小波动不明显。这可能是由于台湾水青冈在中海拔地区受到的随机因素作用强，非随机的环境因素作用较弱。这导致种群的波动特性受其自身的生存特性的控制程度增高。

　　虽然米仓山地区的台湾水青冈种群存在着低中海拔大龄级个体少，中海拔前期死亡率和高海拔幼体死亡率高的现象，但从整个种群结构上来说，都属于增长型或者稳定型。台湾水青冈作为米仓山地区的优势种，且寿命长，短期的扰动不会对其种群的生长发展造成大的影响(张维等,2015)。台湾水青冈的生存特性和历史资料表明,造成台湾水青冈数量减少的原因是人类活动,在没有人为干扰的情况下,其会呈现增长趋势。高山地区环境变化较剧烈,各种灾害频发,台湾水青冈种群只有保持一定规模才能长期存在。当前,通过天然更替的方式扩大台湾水青冈种群规模已十分困难。因此,我们认为保护区内的台湾水青冈种群更新可以考虑依靠人工辅助方式促进。

7.4　小　　结

米仓山国家级自然保护区内低海拔和中海拔台湾水青冈种群的年龄结构均为增长型,高海拔为稳定型。随着海拔的升高,台湾水青冈径级数逐渐增加。低、中和高海拔台湾水青冈的龄级数分别为 10、11 和 15。低海拔台湾水青冈幼树和小树占总数的 58.6%,第 4 龄级到第 10 龄级的个体数量占总数的 41.4%,没有老龄个体数量。中海拔低龄级占总数的 58%,中龄级占总数的 40%,老龄个体数量非常稀少。高海拔幼苗、幼树和小树占总数的 30%,中龄级占总数的 63%,老龄个体数量只占 7%。低海拔和高海拔种群的数量动态变化趋势符合 Deevey Ⅰ型,中海拔符合 Deevey Ⅱ型。低海拔种群的死亡率有 1 个极大值,中海拔表现出多个极值,高海拔存在 2 个极大值。从生存函数曲线可以得出,低海拔台湾水青冈具有前期稳定、中期锐减、后期衰退的特点;中、高海拔则和低海拔在前、中期相反。谱分析结果显示,台湾水青冈种群更新过程存在着明显的周期性。低海拔台湾水青冈种群振幅 A_k 最大的 1 个值位于基波 $A_1=7.70$,中海拔两个最大值为基波 $A_1=1.66$ 和谐波 $A_2=0.60$,高海拔有 1 个最大值为 $A_1=7.60$。台湾水青冈种群动态也表现出较短的周期波动,如低海拔和高海拔的 A_5。A_5 的波动约在空间序列径级 43~49 cm 处,对应于第 9 龄级,与径向生长期的激烈竞争有关。A_5 处的波动对应 2~3 个龄级,表明种群内个体以 2~3 个龄级长度为划分,每个分段内个体之间的生存竞争较强。

第8章 台湾水青冈分布与土壤质地的相关性

　　植物种群的特征及其分布与土壤理化性质之间具有密切的关系。如戴全厚等 (2008)对黄土丘陵区灌木种群与土壤养分之间的相互关系进行研究后发现，不同灌木种群所需的适宜土壤养分条件存在较大差异；乌日娜(2008)研究了科尔沁沙地植物群落演替机制，阐述了由于受到土壤因子的影响，沙地植物群落的组成、结构和功能等均发生了变化；王小明等(2010)用 GIS 技术分析了会稽山区香榧 (*Torreya grandis*)种群的生境特征后发现，土壤肥力对香榧种群的分布具有明显的制约作用；王晓东等(2011)发现土壤养分制约了长白山北坡林线岳桦(*Betula ermanii*)种群的分布；丁文慧等(2015)利用空间差值技术揭示了土壤盐度是崇明东滩盐沼植物分布的主要制约条件。

　　由于历史上气候环境的变迁以及人类活动的影响，台湾水青冈(*Fagus hayatae*)种群在分布面积和数量上锐减，仅见于四川米仓山、浙江清凉峰、湖北七姊妹山和台湾北部山区等小面积区域(陈子英等，2011)。前人对于台湾水青冈的研究主要集中在群落学特征(何俊等，2008；翁东明等，2009；张方钢，2001)、种群密度(丁文勇等，2014)等方面。然而把台湾水青冈的种群与生境的关系相结合(郭瑞等，2014)，尤其是针对台湾水青冈种群分布特征与土壤化学特征关系的研究并未开展。鉴于台湾水青冈的分布范围狭窄，仅零星分布在我国沿海和内陆，我们推测土壤化学特征可能也是影响台湾水青冈种群分布的原因之一。因此，本研究以四川米仓山国家级自然保护区内的台湾水青冈种群为研究对象，借助地理信息系统(GIS)空间分析技术探究该种群分布与土壤化学特征的相关性。研究结果对于了解植物种群与其土壤化学特征间的关系，掌握其该种群的分布规律具有重要参考价值。

8.1　研　究　方　法

8.1.1　群落样地及土壤调查

　　2014 年 7 月对四川米仓山国家级自然保护区内的水青冈属植物群落及其土壤类型进行野外调查。根据群落斑块状分布的特点，共设置 20 m × 30 m 的样地 41个(其中台湾水青冈为优势种群的样地 18 个)。植物群落调查参考高玉葆和石福臣 (2008)的方法。土壤样品来源于 41 个群落样地。土壤取样点选取样地的几何中心。

去除地表的凋落物，在土壤剖面的淋溶层采集 1 kg 的土壤样品，并编号记录。

8.1.2　土壤样品分析

41 个样地的土壤样品在室内自然风干和过 2 mm 孔径的土壤筛后，进行土壤化学特征分析。测量指标有 pH 值、有机质、全氮、有效磷、交换性钾、交换性钠、阳离子交换量、有效铜、有效镁等，参考鲁如坤(2000)的分析方法。

8.1.3　普通克里格(Kriging)插值

克里格插值可以利用已知点的数据去估计未知点(x_0)的数值，对空间分布随机性与结构变量进行研究(汤国安和赵牡丹，2002)。普通克里格方法是所有克里格法中常用的方法，广泛应用于土壤属性空间变异性分析(王绍强等，2001)。41 个土壤采样点理化性质的空间分布信息均采用普通克里格法进行插值分析。公式表示为

$$\begin{cases} \sum_{j=1}^{n} \lambda_j C(v_i, v_j) - \mu = C(v_i, V) \\ \sum_{i}^{n} \lambda_i = 1 \end{cases}$$

其中，$C(v_i, v_j)$ 为采样点之间的协方差函数；$C(v_i, V)$ 为采样点与插值点之间的协方差函数；μ 为拉格朗日乘数。

8.1.4　相关性分析

台湾水青冈种群特征与土壤化学特征之间的相关性分析借助于统计软件 SPSS 22.0(IBM，美国)完成。分析方法为 Pearson 相关性双尾检验，显著性水平设为 $\alpha = 0.05$。种群特征涉及的指标为样地总植株数、种群密度、平均高度、平均胸径(1.3 m 高)和基盖度。

8.2　研　究　结　果

8.2.1　台湾水青冈种群的分布状况

由图 8-1 可见，米仓山自然保护区的台湾水青冈种群分布较分散，仅在神仙沟、圈堂湾和踏拔河等区域较为集中。分布海拔位于 1550～1900 m，通常在河流及其支流的上游区域，在较低海拔的河谷地带无分布。

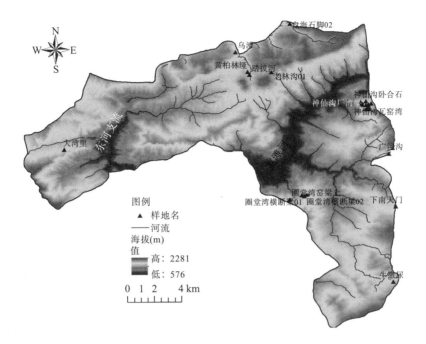

图 8-1　四川米仓山自然保护区地形及 18 个典型台湾水青冈样地种群分布点(见彩图)

8.2.2　保护区土壤化学特征的分布特点

　　土壤样本化学特征采用普通克里格法进行插值后发现，在保护区内西部的有机质(图 8-2)相对较低的河谷地带具有最高值，其次为中东部较低的河谷地带，并以其为中心向南及向宽滩与河东河支流之间高山区域逐渐减少；阳离子交换量(图 8-3)、全氮(图 8-4)和有效磷(图 8-5)在西部和中东部较低的河谷地带为高值中心，并以其为中心向南及向宽滩与河东河支流之间的高山区域逐渐减少。交换性钾(图 8-6)和有效镁(图 8-7)在保护区的中东部较低的河谷地带具有最高值，其次为西部相对较低的河谷地带，并以其为中心向南及向宽滩与河东河支流之间高山区域逐渐减少。土壤 pH(图 8-8)、有效铜(图 8-9)和交换性钠(图 8-10)在保护区的分布各具特殊性。pH 在下南天门和东河支流以东的区域较高，向南、向西及向宽滩河逐渐减小；有效铜在保护区的中北部和南部区域高山区域具有最高值，向宽滩河及东河支流逐渐降低；交换性钠在东河右侧支流上游区域具有最高值，向四周逐渐减小。

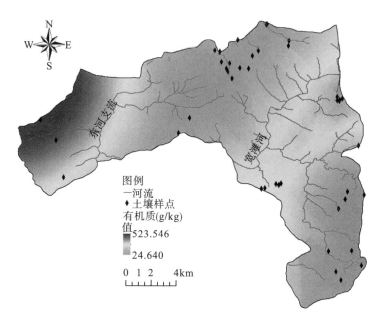

图 8-2　四川米仓山自然保护区有机质插值图(见彩图)

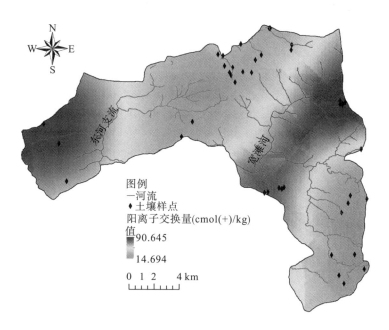

图 8-3　四川米仓山自然保护区阳离子交换量插值图(见彩图)

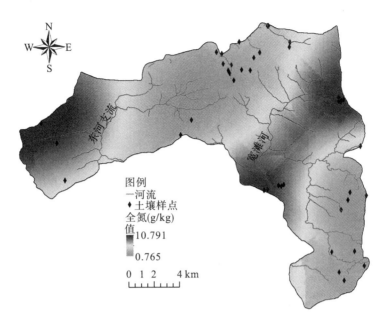

图 8-4　四川米仓山自然保护区全氮插值图（见彩图）

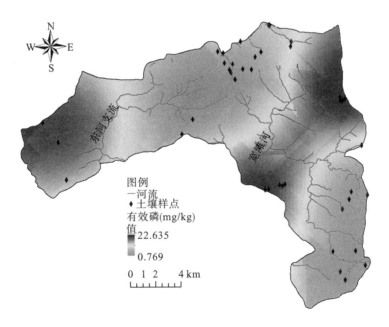

图 8-5　四川米仓山自然保护区有效磷插值图（见彩图）

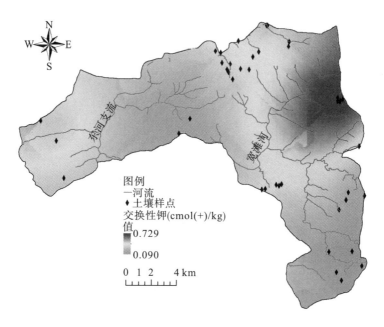

图 8-6　四川米仓山自然保护区交换性钾插值图(见彩图)

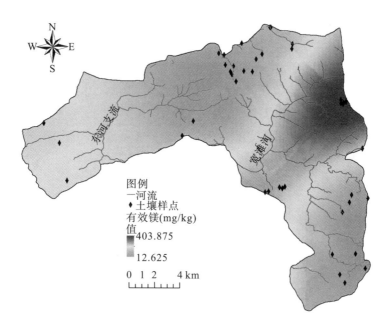

图 8-7　四川米仓山自然保护区有效镁插值图(见彩图)

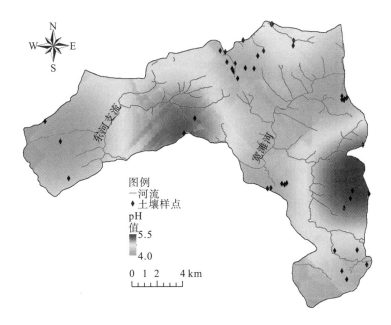

图 8-8 四川米仓山自然保护区 pH 插值图（见彩图）

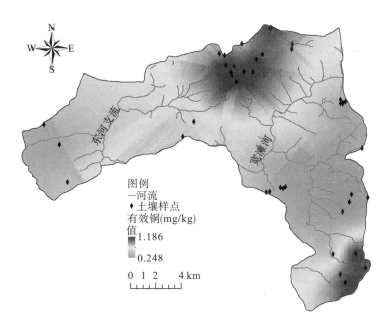

图 8-9 四川米仓山自然保护区有效铜插值图（见彩图）

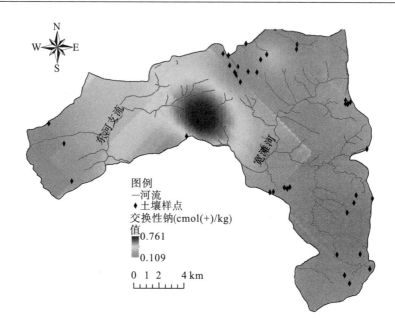

图 8-10　四川米仓山自然保护区交换性钠插值图（见彩图）

8.2.3　台湾水青冈种群特征与土壤化学特征的相关性

由表 8-1 知，台湾水青冈种群的总植株数、种群密度、平均高度、平均胸径和平均基盖度与大部分土壤化学特征间存在较强的相关性。其中，样地总植株数与土壤的有机质、全氮、有效磷、交换性钾、阳离子交换量和有效镁呈极显著的负相关性（相关系数分别为：−0.695、−0.729、−0.648、−0.720、−0.687、−0.609）；种群密度与土壤的有机质、全氮、交换性钾、阳离子交换量呈显著负相关（相关系数分别为：−0.500、−0.520、−0.478、−0.478、−0.493）；平均高度和平均胸径与土壤有效铜呈极显著正相关（相关系数分布为 0.613、0.598），但与其他各属性指标无显著相关性。

表 8-1　台湾水青冈种群主要生长指标与土壤化学特征的相关性

	总植株数	种群密度	平均高度	平均胸径	基盖度
pH	0.302	0.15	0.12	0.115	−0.09
有机质	−0.695**	−0.500*	−0.197	−0.106	−0.146
全氮	−0.729**	−0.520*	−0.192	−0.061	−0.108
有效磷	−0.648**	−0.427	−0.233	−0.084	−0.087
交换性钾	−0.720**	−0.478*	−0.14	−0.106	−0.167
交换性钠	−0.424	−0.274	−0.065	0.144	0.125

续表

	总植株数	种群密度	平均高度	平均胸径	基盖度
阳离子交换量	-0.687**	-0.493*	-0.166	-0.076	-0.106
有效铜	0.353	-0.117	0.613**	0.598**	0.442
有效镁	-0.609**	-0.369	-0.144	-0.128	-0.214

注：总植株数以乔、灌层台湾水青冈植株数总和为计算标准，种群密度、平均高度、平均胸径、基盖度以乔木层为计算标准。据 Pearson（双尾）相关性检验，**表示 $P \leqslant 0.01$；*表示 $P < 0.05$。

8.2.4　台湾水青冈种群适宜生长的土壤化学特征

由图 8-11 可见，老林沟 01、盘海石脚 02、踏拔河、横断梁 01 和乌滩等 5 个样地在总植株数、平均高度和平均胸径 3 个种群发育特征上均显著高于其他样地。反映出这些样地的土壤特征可能适宜台湾水青冈生长。

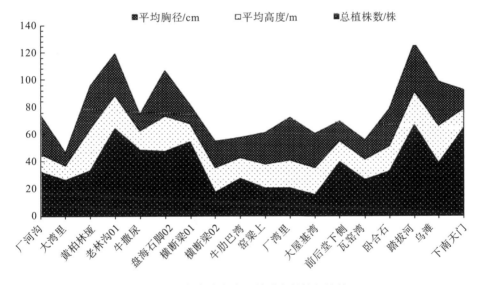

图 8-11　各台湾水青冈种群生长特征比较

生长较好的 5 个样地的台湾水青冈种群的土壤化学特征为：pH 为 4.4～5.1，有机质为 53.17～102.00 g·kg^{-1}，全氮为 1.68～2.50 g·kg^{-1}，有效磷为 2.95～4.90 mg·kg^{-1}，交换性钾为 0.19～0.37 cmol（+）·kg^{-1}，交换性钠为 0.11～0.30 cmol（+）·kg^{-1}，有效铜为 0.61～1.08 mg·kg^{-1}，有效镁为 31.00～110.38 mg·kg^{-1}，阳离子交换量为 24.75～34.79 cmol（+）·kg^{-1}（表 8-2）。

表 8-2　台湾水青冈种群生长较好的 5 个样地的土壤化学特征

	老林沟 01	盘海石脚 02	横断梁 01	踏拔河	乌滩
pH	4.8	5.1	4.7	4.4	5.0
有机质/(g·kg^{-1})	102.00	53.17	75.06	92.49	78.38
全氮/(g·kg^{-1})	1.90	2.30	1.81	1.68	2.50
有效磷/(mg·kg^{-1})	2.95	4.42	4.90	3.75	4.81
交换性钾/(cmol(+)·kg^{-1})	0.23	0.37	0.27	0.19	0.21
交换性钠/(cmol(+)·kg^{-1})	0.11	0.13	0.22	0.24	0.30
阳离子交换量/(cmol(+)·kg^{-1})	27.16	24.75	33.45	34.79	32.68
有效铜/(mg·kg^{-1})	0.75	1.08	0.72	0.94	0.61
有效镁/(mg·kg^{-1})	69.13	79.50	110.38	31.00	68.13

8.3　讨　　论

台湾水青冈曾在中更新世时广泛分布，但由于其对生长的温、湿环境敏感，目前台湾水青冈种群仅在我国亚热带北界范围零星分布(洪必恭和安树青，1993；方精云等，1999；李腾飞和李俊清，2008)，四川米仓山自然保护区是目前我国发现台湾水青冈种群分布面积较大的地区(陈坚，2014)。在该保护区内河流和其支流的上游区域，水分充足，适合水青冈属植物的生长(胡进耀，2009)，且这些地方人为干扰较少，所以得以保存有较多的台湾水青冈(陈坚，2014)。另外，本研究发现在四川米仓山国家级自然保护区内台湾水青冈种群分布较分散，仅在神仙沟、圈堂湾和踏拔河等区域较为集中(图 8-1)。这些分布特征可能与其繁殖特征和生境特征有关。台湾水青冈种子主要是自体传播，理论上是易集中分布(翁东明等，2009)。分散分布一方面可能是由于台湾水青冈受粉率、萌发率低，天然更新能力弱(李腾飞和李俊清，2008)；另一方面可能是由于山地切割地形、坡度等地形因子(郭瑞等，2014；陈坚，2014)，以及该地区还要面临和米心水青冈种群的竞争(陈坚，2014)，这些因素可能是造成台湾水青冈种群总体较分散、小区域较集中的分布格局的重要原因。

从本研究样地的土壤各理化性质插值结果(图 8-2～图 8-10)可知，一方面，土壤有机质、阳离子交换量、全氮、有效磷、交换性钾、有效镁等土壤化学特征高值主要集中分布在东河干流宽滩河和东河支流相对较低的河谷地带，这可能是由于河流作用，土层相对深厚，土壤因发育程度高而比较肥沃；而在较高的山地上，土壤发育程度相对较低，土层较薄，土壤的有机质、阳离子交换量、全氮、有效磷、交换性钾、有效镁等含量低，土壤较贫瘠。这与邓红兵等(2001)关于河岸带生态环境中土壤肥力较高特点的观点是一致的。另一方面，土壤的 pH、有效铜和交换性钠的分布具有特殊性。米仓山国家级自然保护区以山地黄壤、棕壤为主，

pH 值为 4.0～5.5，土壤偏酸性，这与何毓蓉(1991)关于米仓山土壤状况的研究相吻合。此外，本研究发现有效铜在保护区的北部和南部的高山地带含量高，而在较低洼的河谷地带含量低，其原因可能与土壤的演化及成土母质环境有关。而土壤交换性钠在保护区的分布是在中部、东河支流的右侧支流上游区域为高值中心，在其他地方都相对比较低，这可能与当地的地质状况有关。

土壤为植物的生长提供了维持其生命活动所必需的养分，土壤化学特征在一定成度上影响着植物的生长及分布(Cain et al.，1999；Farley and Fitter，1999)。土壤养分一方面会限制植物的生长，另一方面会改变物种间的关系(戴全厚等，2008；王晓东和刘惠清，2011)。本研究通过分析台湾水青冈的生长指标与土壤化学特征的相关性发现：台湾水青冈的总植株数与土壤有机质、全氮、有效磷、有效镁、交换性钾、阳离子交换量等呈极显著负相关，种群密度与土壤有机质、全氮、交换性钾、阳离子交换量等呈显著负相关(表 8-1)，说明了台湾水青冈种群生长对土壤化学特征的要求具有特殊性，其分布在一定程度上会受土壤化学特征条件制约。这与在同属种(欧洲水青冈(*Fagus sylvatica* L.)、米心水青冈)的研究结果相似(Grubb et al.，1996；王献溥和李俊清，1999；郭柯，2003)。土壤养分含量高并没有提高植株的株数和种群密度，其原因可能是植物生长在肥沃土壤上会吸收较多的养分，导致其地上的竞争加强(Grubb et al.，1996)；另外可能是由于氮碳比含量比较高，植物在自我保护方面投入较少而导致种群死亡率较高(郭柯，2003)。对于台湾水青冈，其相关机理尚不明确，还需要进一步研究。此外，研究发现土壤有效铜与台湾水青冈的平均高度和平均胸径表现出极显著的相关性，我们推测有效铜可能对台湾水青冈植株的生长具有促进作用。

8.4 小　　结

台湾水青冈种群在米仓山国家级自然保护区内分布较分散，仅在神仙沟、圈堂湾和踏拔河等区域较为集中，分布海拔为 1550～1900 m 的河流及其支流的上游区域，而在较低海拔的河谷地带无分布；台湾水青冈种群特征与部分土壤化学特征间存在联系。样方内总植株数和种群密度均与土壤有机质、全氮和阳离子交换量呈显著负相关，而平均高度、平均胸径和基盖度与土壤有效铜呈正相关。台湾水青冈种群特征发育良好的土壤化学特征为：pH 值为 4.4～5.1，有机质为 53.17～102.00 g·kg^{-1}，全氮为 1.68～2.50 g·kg^{-1}，有效磷为 2.95～4.90 mg·kg^{-1}，交换性钾为 0.19～0.37 cmol(+)·kg^{-1}，交换性钠为 0.11～0.30 cmol(+)·kg^{-1}，阳离子交换量为 24.75～34.79 cmol(+)·kg^{-1}，有效铜为 0.61～1.08 mg·kg^{-1}，有效镁为 31.00～110.38 mg·kg^{-1}。上述结果表明了土壤化学特征对台湾水青冈种群分布具有制约作用。

参 考 文 献

蔡绪慎，黄加福.1990. 卧龙植物生活型垂直分布规律初探[J]. 西南林学院学报，10(1)：31-40.

陈宝瑞，李海山，朱玉霞，等.2010. 呼伦贝尔草原植物群落空间格局及其环境解释[J]. 生态学报，30(5)：1265-1271.

陈焕庸，黄成就.1998. 中国植物志[M]. 北京：科学出版社.

陈坚.2014. 米仓山自然保护区水青冈属(Fagus)资源调查报告[J]. 中国野生植物资源，33(2)：47-52.

陈远征，马祥庆，冯丽贞，等.2006. 濒危植物沉水樟的种群生命表和谱分析[J]. 生态学报，26(12)：4267-4272.

陈子英，谢长富，毛俊杰，等.2011. 冰河孑遗的夏绿林——台湾水青冈［M］. 台北：行政院农业委员会林务局.

戴全厚，刘国彬，张健，等.2008. 黄土丘陵区植被次生演替灌木种群的土壤养分效应[J]. 西北农林科技大学学报(自然科学版)，36(8)：125-131.

邓红兵，王青春，王庆礼，等.2001. 河岸植被缓冲带与河岸带管理[J]. 应用生态学报，12(6)：951-954.

丁文慧，姜俊彦，李秀珍，等.2015. 崇明东滩南部盐沼植被空间分布及影响因素分析[J]. 植物生态学报，39(7)：704-716.

丁文勇，翁东明，金毅，等.2014. 清凉峰自然保护区台湾水青冈群落优势种密度制约效应分析[J]. 浙江大学学报(理学版)，41(5)：583-592.

杜子荣，徐茂其，陈年，等.1982. 四川省米仓山区1：50万地貌图分析[J]. 西南师范学院学报(自然科学版)，(4)：47-67.

方精云，郭庆华，刘国华，等.1999. 我国水青冈属植物的地理分布格局及其与地形的关系[J]. 植物学报，41(7)：766-774.

方精云.2004. 探索中国山地植物多样性的分布规律[J]. 生物多样性，12(1)：1-4.

方全，刘以珍，林朝晖，等.2015. 云居山柽皮栎群落特征及多样性研究[J]. 植物科学学报，33(3)：311-319.

高福元，赵成章，卓玛兰草.2014. 高寒退化草地不同海拔梯度狼毒种群分布格局及空间关联性[J]. 生态学报，34(3)：605-612.

高玉葆，石福臣.2008. 植物生物学与生态学实验[M]. 北京：科学出版社：137-145.

郭柯，郑度，李渤生.1998. 喀喇昆仑山-昆仑山地区植物的生活型组成[J]. 植物生态学报，22(1)：51-59.

郭柯.2003. 山地落叶阔叶林优势树种米心水青冈幼苗的定居[J]. 应用生态学报，14(2)：161-164.

郭瑞，翁东明，金毅，等.2014. 浙江清凉峰台湾水青冈种群2006—2011年更新动态及其与生境的关系[J]. 广西植物，34(4)：478-483.

韩路，王海珍，彭杰，等.2010. 塔里木河上游灰胡杨种群生存分析[J]. 林业科学，46(1)：131-135.

郝占庆，邓红兵，姜萍，等.2001. 长白山北坡植物群落间物种共有度的海拔梯度变化[J]. 生态学报，21(9)：1421-1426.

何俊，汪正祥，雷耘，等.2008. 七姊妹山自然保护区台湾水青冈林群落学特征研究[J]. 华中师范大学学报(自然科学版)，42(2)：272-277.

何亚平, 费世民, 蒋俊明, 等. 2008. 不同龄级划分方法对种群生存分析的影响——以水灾迹地油松和华山松种群生存分析为例[J]. 植物生态学报, 32(2): 448-455.

何毓蓉. 1991. 米仓山林区土壤的肥力特征及保护研究[J]. 水土保持学报, 5(4): 73-79.

贺金生, 陈伟烈. 1997. 陆地植物群落物种多样性的梯度变化特征[J]. 生态学报, 17(1): 91-99.

洪必恭, 安树青. 1993. 中国水青冈属植物地理分布初探[J]. 植物学报, 35(3): 229-233.

胡进耀. 2009. 巴山水青冈(Fagus pashanica)原始林及天然次生林生态学特征研究[D]. 成都: 四川农业大学.

胡玉佳, 汪永华, 丁小球, 等. 2003. 海南岛五指山不同坡向的植物物种多样性比较[J]. 中山大学学报(自然科学版), 42(2): 86-89.

胡志伟, 沈泽昊, 吕楠, 等. 2007. 地形对森林群落年龄及其空间格局的影响[J]. 植物生态学报, 31(5): 814-824.

姬志峰, 高亚卉, 李乐, 等. 2012. 山西霍山五角枫不同海拔种群的表型多样性研究[J]. 园艺学报, 39(11): 2217-2228.

江洪. 1994. 东灵山植物群落生活型谱的比较研究[J]. 植物学报, 36(11): 884-894.

江洪. 1992. 云杉种群生态学[M]. 北京: 中国林业出版社.

冷平生. 2003. 园林生态学[M]. 北京: 中国农业出版社.

李明华. 2006. 清凉峰自然保护区志[M]. 长春: 吉林人民出版社: 1-67.

李清河, 高婷婷, 刘建锋, 等. 2009. 荒漠珍稀灌木半日花种群的年龄结构与生命表分析[J]. 植物研究, 29(2): 176-181.

李腾飞, 李俊清. 2008. 中国水青冈起源、分布、更新以及遗传多样性[J]. 中国农学通报, 24(10): 185-191.

李晓笑, 王清春, 崔国发, 等. 2011. 濒危植物梵净山冷杉野生种群结构及动态特征[J]. 西北植物学报, 31(7): 1479-1486.

刘贵峰, 臧润国, 成克武, 等. 2011. 天山云杉的种群动态[J]. 应用与环境生物学报, 17(5): 632-637.

刘建泉, 孙建忠. 2012. 东大河林区金露梅种群空间分布格局沿海拔梯度的变化[J]. 草业科学, 29(5): 11-16.

刘金福, 洪伟, 吴则焰, 等. 2008. 孑遗植物水松(Glyptostrobus pensilis)种群生命表和谱分析[J]. 武汉植物学研究, 6(3): 259-263.

刘金根, 薛建辉. 2009. 坡向对香根草护坡地植物群落特征的影响[J]. 生态学杂志, 28(3): 384-388.

刘任涛, 毕润成, 闫桂琴. 2007. 山西南部翅果油树种群动态与谱分析[J]. 植物研究, 27(5): 550-555.

刘映良, 薛建辉. 2010. 鼠类及种子特征对水青冈种子命运的影响[J]. 南京林业大学学报(自然科学版), 34(5): 12-16.

龙翠玲. 2007. 茂兰喀斯特森林林隙植被恢复的物种组成及生活型特征[J]. 云南植物研究, 29(2): 201-206.

鲁如坤. 2000. 土壤农业化学分析方法[M]. 北京: 中国农业出版社.

马克平, 刘玉明. 1994. 生物群落多样性的测度方法 Ⅰα 多样性的测度方法(下)[J]. 生物多样性, 2(4): 231-239.

欧晓昆, 金振洲. 1996. 金沙江干热河谷植物区系和生态多样性的初步研究[J]. 武汉植物学研究, 14(4): 318-322.

潘红丽, 李迈和, 蔡小虎, 等. 2009. 海拔梯度上的植物生长与生理生态特性[J]. 生态环境学报, 18(2): 722-730.

蒲孝荣. 1993. 中华人民共和国地名词典(四川省)[M]. 北京: 商务印书馆.

钱迎倩, 马克平. 1994. 生物多样性的原理与方法[M]. 北京: 中国科学技术出版社: 141.

区余端, 王华南, 张璐, 等. 2009. 南岭国家级自然保护区林下植物分布的地形相关性[J]. 植物科学学报, 27(1):

41- 46.

曲仲湘,等.1990. 植物生态学[M]. 北京:高等教育出版社:142-147.

曲仲湘,文振旺.1953. 琅琊山林木现况的分析[J]. 植物学报,2(3):349-368.

沈泽昊,唐圆圆,李道兴.2008. 啮齿类取食的物种偏好与时空格局[J]. 生态学报,28(12):6018-6024.

沈泽昊,张新时.2000. 三峡大老岭地区森林植被的空间格局分析及其地形解释[J]. 植物学报,42(10):1089-1095.

四川植被协作组.1980. 四川植被[M]. 成都:四川人民出版社:263-299.

宋创业,郭柯.2007. 浑善达克沙地中部丘间低地植物群落分布与土壤环境关系[J]. 植物生态学报,31(1):40-49.

宋文静,金则新,李钧敏,等.2009. 台湾水青冈 ISSR-PCR 体系的优化[J]. 福建林业科技,36(2):18-22.

孙儒泳,李庆芬,牛翠娟,等.2002. 基础生态学[M]. 北京:高等教育出版社:66-71.

汤国安,赵牡丹.2002. 地理信息系统[M]. 北京:科学出版社:117-118.

田怀珍,邢福武.2008. 南岭国家级自然保护区兰科植物物种多样性的海拔梯度格局[J]. 林业科学,16(1):75-82.

汪殿蓓,暨淑仪,陈飞鹏.2001. 植物群落物种多样性研究综述[J]. 生态学杂志,20(4):55-60.

王长庭,王启基,龙瑞军,等. 2004. 高寒草甸群落植物多样性和初级生产力沿海拔梯度变化的研究[J]. 植物生态学报,28(2):240-245.

王丹,庞春华,高亚卉,等.2010. 茶条槭不同海拔种群的表型多样性[J]. 林业科学,46(10):50-56.

王绍强,朱松丽,周成虎.2001. 中国土壤土层厚度的空间变异性特征[J].地理研究,20(2):161-167.

王献溥,李俊清.1996. 广西水青冈林的分类研究[J]. 植物研究,16(4):369-404.

王小明,周本智,曹永慧,等. 2010. GIS 支持下的会稽山区香榧种群生境特征[J]. 江西农业大学学报,32(3):523-527.

王晓东,刘惠清.2011. 长白山北坡林线岳桦种群与土壤关系[J]. 地理研究,30(3):531-539.

翁东明,张磊,陈晓栋,等.2009. 清凉峰自然保护区台湾水青冈群落物种多样性研究[J]. 浙江林业科技,29(4):1-6.

乌日娜.2008. 土壤空间变异规律与差巴嘎蒿种群生态位的相关性研究[D]. 内蒙古:内蒙古大学.

吴征镒.1980. 中国植被[M]. 北京:科学出版社.

吴征镒.1991. 中国种子植物属的分布区类型[J]. 云南植物研究(增刊),IV:1-139.

伍业钢,薛进轩.1988. 阔叶红松林红松种群动态的谱分析[J]. 生态学杂志,7(1):19-23.

肖宜安,何平,李晓红,等.2004. 濒危植物长柄双花木自然种群数量动态[J]. 植物生态学报,28(2):252-257.

肖治术,王玉山,张知彬.2001. 都江堰地区三种壳斗科植物的种子库及其影响因素研究[J]. 生物多样性,9(4):373-381.

徐长林.2016. 坡向对青藏高原东北缘高寒草甸植被构成和养分特征的影响[J]. 草业学报,25(4):26-35.

徐远杰,陈亚宁,李卫红,等.2010. 伊犁河谷山地植物群落物种多样性分布格局及环境解释[J]. 植物生学报,34(10):1142-1154.

许涵,李意德,骆土寿,等.2013. 海南尖峰岭不同热带雨林类型与物种多样性变化关联的环境因子[J]. 植物生态学报,37(1):26-36.

闫淑君,洪伟,吴承祯,等.2002. 丝栗栲种群生命过程及谱分析[J]. 应用与环境生物学报,8(4):351-355.

杨少荣, 高欣, 马宝珊, 等. 2010. 三峡库区木洞江段鱼类群落结构的季节变化[J]. 应用与环境生物学报, 16(4): 555-560.

应俊生. 1994. 秦岭植物区系的性质, 特点和起源[J]. 植物分类学报, 32(5): 389-410.

于德永, 郝占庆, 姬兰柱, 等. 2003. 长白山北坡植物群落相异性及其海拔梯度变化[J]. 生态学杂志, 22(5): 1-5.

于顺利, 陈灵芝, 马克平. 2000. 东北地区蒙古栎群落生活型谱比较[J]. 林业科学, 36(3): 118-121.

岳明, 张林静, 党高弟, 等. 2002. 佛坪自然保护区植物群落物种多样性与海拔梯度的关系[J]. 地理科学, 22(3): 349-354.

张方钢. 2001. 浙江清凉峰台湾水青冈林的群落学特征[J]. 浙江大学学报(农业与生命科学版), 27(4): 403-406.

张峰, 张金屯, 张峰. 2003. 历山自然保护区猪尾沟森林群落植被格局及环境解释[J]. 生态学报, 23(3): 421-427.

张鸿烈, 刘光崧. 1996. 陆地生物群落调查观测与分析——中国生态系统研究网络观测与分析标准方法[M]. 北京: 中国标准出版社: 1-13.

张维, 焦子伟, 尚天翠, 等. 2015. 新疆西天山峡谷海拔梯度上野核桃种群统计与谱分析[J]. 应用生态学报, (4): 1091-1098.

张文辉, 卢涛, 马克明, 等. 2004. 岷江上游干旱河谷植物群落分布的环境与空间因素分析[J]. 生态学报, 24(3): 552-559.

张文江, 宁吉才, 宋克超, 等. 2013. 岷江上游植被覆被对水热条件的响应[J]. 山地学报, 31(3): 280-286.

张永田, 黄成就. 1988. 壳斗科植物摘录[J]. 植物分类学报, 26(2): 111-119.

张育新, 马克明, 祁建, 等. 2009. 北京东灵山海拔梯度上辽东栎种群结构和空间分布[J]. 生态学报, 29(6): 2789-2796.

张志祥, 刘鹏, 蔡妙珍, 等. 2008. 九龙山珍稀濒危植物南方铁杉种群数量动态[J]. 植物生态学报, 32(5): 1146-1156.

郑维列, 田大伦, 卢杰, 等. 2009. 高寒植物长鞭红景天种群结构及数量特征[J]. 植物研究, 29(4): 402-410.

周红, 张志南. 2003. 大型多元统计软件 PRIMER 的方法原理及其在底栖群落生态学中的应用[J]. 青岛海洋大学学报, 33(1): 58-64.

周萍, 刘国彬, 侯喜禄. 2009. 黄土丘陵区不同坡向及坡位草本群落生物量及多样性研究[J]. 中国水土保持科学, 7(1): 67-73.

朱晓勤, 刘康, 秦耀民. 2006. 基于 GIS 的秦岭山地植被类型与环境梯度的关系分析[J]. 水土保持学报, 20(5): 192-196.

朱源, 康慕谊, 江源, 等. 2008. 贺兰山木本植物群落物种多样性的海拔格局[J]. 植物生态学报, 32(3): 574-581.

Agren J, Zackrisson O. 1990. Age and size structure of *Pinus sylvestris* populations on mires in central and northern Sweden[J]. The Journal of Ecology, 1049-1062.

Brooker R W. 2006. Plant–plant interactions and environmental change[J]. New Phytologist, 171(2): 271-284.

Brown J H. 2001. Mammals on mountainsides: elevational patterns of diversity[J]. Global Ecology and Biogeography, 10(1): 101-109.

Burke A. 2001. Classification and ordination of plant communities of the Naukluft Mountains, Namibia[J]. Journal of Vegetation Science, 12(1): 53-60.

Cain M L, Subler S, Evans J P, et al. 1999. Sampling spatial and temporal variation in soil nitrogen availability[J]. Oecologia, 118(4): 397-404.

Cantón Y, Del Barrio G, Solé-Benet A, et al. 2004. Topographic controls on the spatial distribution of ground cover in the Tabernas badlands of SE Spain[J]. Catena, 55(3): 341-365.

Carpenter C. 2005. The environmental control of plant species density on a Himalayan elevation gradient[J]. Journal of Biogeography, 32(6): 999-1018.

Clark C M, Cleland E E, Collins S L, et al. 2007. Environmental and plant community determinants of species loss following nitrogen enrichment[J]. Ecology Letters, 10(7): 596-607.

Clarke K R, Gorley R N.2001. Primer v5: User Manual/Tutorial[M]. Plymouth, UK: Primer-E.

Clarke K R. 1993. Non-parametric multivariate analyses of changes in community structure[J]. Austral Ecology, 18(1): 117-143.

Debano L F, Schmidt L J. 1990. Potential for enhancing riparian habitats in the southwestern United States with watershed practices[J]. Forest Ecology and Management, 33: 385-403.

Denk T, Grimm G W, Hemleben V. 2005. Patterns of molecular and morphological differentiation in *Fagus* (Fagaceae): phylogenetic implications[J]. American Journal of Botany, 92(6): 1006-1016.

Farley R A, Fitter A H. 1999. Temporal and spatial variation in soil resources in a deciduous woodland[J]. Journal of Ecology, 87(4): 688-696.

Gaston K J. 2000. Global patterns in biodiversity[J]. Nature, 405(6783): 220-226.

Gittins R. 1985. Canonnical Analysis, A Review with Applications in Ecolgy[M]. Berlin: Sprinter Verlag.

Grubb P J, Lee W G, Kollmann J, et al. 1996. Interaction of irradiance and soil nutrient supply on growth of seedlings of ten European tall-shrub species and *Fagus sylvatica*[J]. Journal of Ecology, 84(6): 827-840.

Harper J L. 1977. Population Biology of Plants[M]. London, UK: Academic Press.

Hukusima T, Lu S Y, Matsui T, et al. 2005. Phytosociology of *Fagus hayatae* forests in Taiwan[J]. Rendiconti Lincei, 16(3): 171-189.

Ju L P, Shih H C, Chiang Y C. 2012. Microsatellite primers for the endangered beech tree, *Fagus hayatae* (Fagaceae) [J]. American Journal of Botany, 99(11): e453-e456.

Lai Y C, Chen C K, Tsai S F, et al. 2012. Triterpenes as α-glucosidase inhibitors from *Fagus hayatae*[J]. Phytochemistry, 74: 206-211.

Legendre P, Fortin M J. 1989. Spatial pattern and ecological analysis[J]. Vegetatio, 80(2): 107-138.

Lieberman D, Lieberman M, Peralta R, et al. 1996. Tropical forest structure and composition on a large-scale altitudinal gradient in Costa Rica[J]. Journal of Ecology, 84(2): 137-152.

Lomolino M A R K.2001. Elevation gradients of species-density: historical and prospective views[J]. Global Ecology and Biogeography, 10(1): 3-13.

Parker A J. 1982. The topographic relative moisture index: an approach to soil-moisture assessment in mountain terrain[J]. Physical Geography, 3(2): 160-168.

Pócs T. 1980. The epiphytic biomass and its effect on the water balance of two rain forest types in the Uluguru Mountains (Tanzania, East Africa) [*Asplenium nidus* L., *Microsorium punctatum* (L.) Copel., Corticolous microepiphytes, Mossy elfin forest] [J]. Acta Botanica Academiae Scientiarum Hungaricae, 26: 143-167.

Rahbek C. 1995. The elevational gradient of species richness: a uniform pattern? [J]. Ecography, 18 (2): 200-205.

Rahbek C. 2005. The role of spatial scale and the perception of large-scale species-richness patterns[J]. Ecology letters, 8 (2): 224-239.

Rebertus A J, Veblen T T. 1993. Structure and tree-fall gap dynamics of old-growth Nothofagus forests in Tierra del Fuego, Argentina[J]. Journal of Vegetation science, 4 (5): 641-654.

Szaro R C. 1989. Riparian forest and scrubland community types of Arizona and New Mexico[J]. Desert Plants (USA), 9: 69-138.

Wang C T, Long R J, Wang Q J, et al. 2007. Effects of altitude on plant-species diversity and productivity in an alpine meadow, Qinghai-Tibetan plateau[J]. Australian Journal of Botany, 55 (2): 110-117.

Wratten S D, Fry G L. 1980. Field and laboratory exercises in ecology[M]. London, UK: Edward Arnold.

Wu M Z, Liu Y C. 2000. Periodic fluctuation and stability of *Quercus variabilis* population[J]. Ecology Magazine, 19 (4): 23-26.

Wu Y G, Xie J X. 1988. Periodic fluctuation of Korean pine population of broad-leaved Korean pine forest[J]. Ecology Magazine, 7 (1): 19-23.

Zhang M, Xiong G, Chen Z, et al. 2004. The topography heterogeneity of *Fagus engleriana-Cyclobalanopsis oxyodon* community in Shennongjia region[J]. Acta Ecologica Sinica, 24 (12): 2686-2692.

Zhang Q, Niu J M, Buyantuyev A, et al. 2012. Ecological analysis and classification of *Stipa breviflora* communities in the Inner Mongolia region: the role of environmental factors[J]. Acta Prataculturae Sinica, 21 (1): 83-92.

Zimmerman J C, DeWald L E, Rowlands P G. 1999. Vegetation diversity in an interconnected ephemeral riparian system of north-central Arizona, USA[J]. Biological Conservation, 90 (3): 217-228.

附录一　群落调查记录表

表1　植被样地(20m×30m)基本信息调查表

样地名称及编码：　　　　　　　　　　　　　　　　　　　　记录人：

经 度	° ′ ″	纬度	° ′ ″	海拔	m
小地名					
坡 向	东南( )南( )西南( )西( )西北( )北( )东北( )东( )				
坡 位	山顶( ) 上坡( ) 中坡( ) 下坡( ) 坡麓( )				
坡度(°)			土壤厚度(cm)		
植被类型			枯枝层厚度(cm)		
群落名称			腐殖层厚度(cm)		
郁闭度(%)			灌木盖度(%)		
草本盖度(%)			群落高度(m)		
干扰类型					
干扰强度	无影响( ) 轻( ) 中( ) 重( ) 严重( )				

调查日期：　　　年　　月　　　日　　　　　　调查者：

填表说明：

1. 样地名称及编码：以样地名+物种名称开头，顺序编号，如老林沟-台湾水青冈-01(02 03 04 05…)。

2. 地理坐标：用 GPS 实测样方中心点的地理坐标。

3. 海拔、坡向和坡度：用 GPS 实测海拔；用罗盘仪实测坡向和坡度，记录样方平均坡度。

4. 小地名：相对于某一固定地点或标志的方位、距离，如狮子坝以东 2 km。

5. 土壤厚度、枯枝层厚度和腐殖层厚度：在样方中选代表性的土壤坡面进行各层厚度测量。

6. 植被类型和群落名称：按《中国植被》(吴征镒主编)分类标准划分。

7. 郁闭度：群落中乔木树冠遮蔽地面的程度。

8. 灌木盖度：样地中灌木层遮蔽地面的程度。

9. 草本盖度：样地中草本层遮蔽地面的程度。

10. 群落高度：以群落中乔木层的平均高度估测。

11. 干扰类型：样地受到人为影响的类型，如挖药、伐木、道路、放牧、开矿等。

12. 坡向、坡位和干扰强度："是"者打"√"。

表2　乔木层样方(20m×30m)调查记录表

样地名称及编码：　　　　　　　　　　　　　　　　　　记录人：

物种名称	胸径(cm)	高度(m)	冠幅(m^2)	枝下高(m)	备注

调查日期：　　　年　　月　　日　　　　　　　调查者：

填表说明：

1. 样地名称及编码：以样地名+物种名称开头，顺序编号，如老林沟-台湾水青冈-01(02 03 04 05…)。

2. 物种名称：包括中文正名、地方名和拉丁学名(按《中国植物志》填写，命名人可略)。

3. 胸径：用围尺测量树干距地面以上1.3 m高处。

4. 高度：植株茎叶最高处距地面的高度，常用目测估算法。

5. 冠幅：植株树冠覆盖地面的面积，常用估测法。

6. 枝下高：指植株第一次分枝以下的主干部分距地高度。

7. 备注：主要记录物候状况如生长期、开花期、结实期等，物种现有的生存状况如枯、断、折等，以及其他重要信息。

表3　灌木层样方(5m×5m)调查记录表

样地名称及编码：　　　　　　　　　　　　　　　　　　记录人：

物种名称	基径(cm)	高度(m)	冠幅(m^2)	株/丛数	备注

续表

物种名称	基径(cm)	高度(m)	冠幅(m²)	株/丛数	备注

调查日期： 　年　月　日　　　　　　　调查者：

填表说明：

1. 样地名称及编码：以样地名+物种名称开头，顺序编号，如老林沟-台湾水青冈-01(02 03 04 05…)。

2. 植物物种：包括中文正名、地方名和拉丁学名(按《中国植物志》填写，命名人可略)。

3. 基径：用围尺测量植株树干距地面处的直径。

4. 高度：植株茎叶最高处距地面的高度，常用目测估算法。

5. 冠幅：植株树冠覆盖地面的面积，常用估测法。

6. 株/丛数：专指具有分蘖能力的灌丛类型植株从树干基部萌生出来的株数或丛数。

7. 备注：主要记录物候状况如生长期、开花期、结实期等，物种现有的生存状况如枯、断、折等，以及其他重要信息。

表4　草本层样方(1m×1m)调查记录表

样地名称及编码：　　　　　　　　　　　　　　　　　　记录人：

物种名称	株(丛)数	高度(cm)	盖度(%)	备注

调查日期： 　年　月　日　　　　　　　调查者：

填表说明：

1. 样地名称及编码：以样地名+物种名称开头，顺序编号，如老林沟-台湾水青冈-01（02 03 04 05…）。

2. 植物物种：包括中文正名、地方名和拉丁学名（按《中国植物志》填写，命名人可略）。

3. 基径：用围尺测量植株树干距地面处的直径。

4. 高度：植株茎叶最高处距地面的高度，用卷尺测量。

5. 盖度：该类植物在样方中覆盖地面的多少（%），用目测估算法。

6. 株/丛数：植株从基部萌生出来的株数或丛数。

7. 备注：主要记录物候状况如生长期、开花期、结实期等，物种现有的生存状况以及其他重要信息。

表5 米仓山自然保护区水青冈属种质资源调查

植物标本采集记录表

采集号	经度	纬度	海拔(m)	物候期	采集者	备注

填表说明：

1. 采集号：MCS-2014-号数（从21号开始记录）

2. 经纬度按度/分/秒进行记录

附录二　台湾水青冈群落常见维管束植物名录

石松科　Lycopodiaceae

多穗石松　*Lycopodium annotinum* L.

石松　*L. japonicum* Thunb ex Murray.

卷柏科　Selaginellaceae

江南卷柏　*Selaginella moellendorffii* Hieron.

伏地卷柏　*S. nipponica* Franch. et Sav.

卷柏　*S. tamariscina*（P. Beauv.）Spring

木贼科　Equisetaceae

问荆　*Equisetum arvense* L.

木贼　*E. hyemale* L.

犬问荆　*E. palustre* L.

节节草　*E. ramosissimum* Desf.

海金沙科　Lygodiaceae

海金沙　*Lygodium japonicum*（Thunb.）Sw.

蕨科　Pteridiaceae

蕨　*Pteridium aquilinum* var. *latiusculum*（Desv.）Underw. ex Heller

铁线蕨科　Adiantaceae

团羽铁线蕨　*Adiantum capillus-junonis* Rupr.

普通铁线蕨　*A. edgeworthii* Hook.

裸子蕨科　Hemionitidaceae

尾尖凤丫蕨　*Coniogramme caudiformis* Ching et Shing

普通凤丫蕨　*C. intermedia* Hieron.

鳞毛蕨科　Dryopteridaceae

刺齿贯众　*Cyrtomium caryotideum*（Wall. ex Hook. et Grev.）Presl

尖羽贯众　*C. hookerianum*（Presl）C. Chr.

对马耳蕨　*Polystichum tsus-simense*（Hook.）J. Sm.

水龙骨科　Polypodiaceae

狭叶瓦韦　*Lepisorus angustus* Ching

扭瓦韦　*L. contortus*（Christ）Ching

日本水龙骨　*Polypodiodes niponica*（Mett.）Ching

毡毛石韦　*Pyrrosia drakeana*（Franch.）Ching

有柄石韦　*P. petiolosa*（Christ）Ching

裸子植物门　Gymnospermae

松科　Pinaceae

华山松　*Pinus armandii* Franch.

马尾松　*P. massoniana* Lamb.

杉科　Taxodiaceae

杉木　*Cunninghamia lanceolata*（Lamb.）Hook.

柏科　Cupressaceae

刺柏　*Juniperus formosana* Hayata

罗汉松科　Podocarpaceac

罗汉松　*Podocarpus macrophyllus* D.Don

三尖杉科　Cephalotaxaceae

三尖杉　*Cephalotaxus fortunei* Hook.

被子植物门　Angiospermae

双子叶植物纲　Dicotyledoneae

三白草科　Saururaceae

蕺菜　*Houttuynia cordata* Thunb.
三白草　*Saururus chinensis*（Lour.) Baill.

金粟兰科　Chloranthaceae

宽叶金粟兰　*Chloranthus henryi* Hemsl.
多穗金粟兰　*C. multistachys* Pei

杨柳科　Salicaceae

山杨　*Populus davidiana* Dode
秋华柳　*Salix variegata* Franch.
皂柳　*S. wallichiana* Anderss.

胡桃科　Juglandaceae

青钱柳　*Cyclocarya paliurus*（Batal.) Iljinsk.
胡桃楸　*Juglans mandshurica* Maxim
化香树　*Platycarya strobilacea* Sieb. et Zucc.
枫杨　*Pterocarya stenoptera* C. DC.

桦木科　Betulaceae

红桦　*Betula albosinensis* Burk.

白桦　*B. platyphylla* Suk.

糙皮桦　*B. utilis* D. Don

华千金榆　*Carpinus cordata* var. *chinensis* Franch.

鹅耳枥　*C. turczaninowii* Hance

川榛　*Corylus heterophylla* var. *sutchuenensis* Franch.

山毛榉科　Fagaceae

细叶青冈　*Cyclobalanopsis gracilis*（Rehd. et Wils.）Cheng et T. Hong

曼青冈　*Cyclobalanopsis oxyodon*（Miq.）Oerst.

米心水青冈　*Fagus engleriana* Seem.

台湾水青冈　*F. hayatae* Palib.ex Hayata

麻栎　*Quercus acutissima* Carr.

锐齿槲栎　*Q. aliena* var. *acutiserrata* Maxim. ex Wenz.

蒙古栎　*Q. mongolica* Fisch. ex Ledeb.

栓皮栎　*Q. variabilis* Bl.

桑科　Moraceae

构树　*Broussonetia papyrifera* L' Hér. ex Vent.

尖叶榕　*Ficus henryi* Watb. ex Diels

地果　*F. tikoua* Bureau

葎草　*Humulus scandens*（Lour.）Merr.

蒙桑　*Morus mongolica*（Bureau）Schneid.

荨麻科　Urticaceae

苎麻　*Boehmeria nivea*（Linn.）Gaud.

水麻　*Debregeasia orientalis* C. J. Chen

钝叶楼梯草　*Elatostema obtusum* Wedd.

大蝎子草　*Girardinia diversifolia*（Link）Friis

糯米团　*Gonostegia hirta*（Bl.）Miq.

山冷水花　*Pilea japonica*（Maxim.）Hand.-Mazz.

透茎冷水花　*P. pumila*（Linn.）A. Gray

冷水花　*P. notata* C.H.Wright

马兜铃科　Aristolochiaceae

细辛　*Asarum sieboldii* Miq.

蛇菰科　Balanophoraceae

红冬蛇菰　*Balanophora harlandii* Hook. f.
筒鞘蛇菰　*B. involucrata* Hook.f.

蓼科　Polygonaceae

头花蓼　*Polygonum capitatum* Buch.-Ham. ex D.Don
丛枝蓼　*P. posumbu* Buch.-Ham. ex D. Don
牛皮消蓼　*Fallopia cynanchoides*（Hemsl.）Harald.
酸模叶蓼　*P. lapathifolium* Linn.
杠板归　*P. perfoliatum* Linn.
珠芽蓼　*P. viviparum* Linn.
酸模　*Rumex acetosa* Linn.

藜科　Chenopodiaceae

土荆芥　*Dysphania ambrosioides*（L.）Mosyakin et Clemants
地肤　*Kochia scoparia*（Linn.）Schrad.
猪毛菜　*Salsola collina* Pall.

苋科　Amaranthaceae

牛膝　*Achyranthes bidentata* Bl.
喜旱莲子草　*Alternanthera philoxeroides*（Mart.）Griseb.
苋　*Amaranthus tricolor* L.
青葙　*Celosia argentea* L.

商陆科　Phytolaccaceae

商陆　*Phytolacca acinosa* Roxb.

多雄蕊商陆　*Ph. polyandra* Bat.

石竹科　Caryophyllaceae

无心菜　*Arenaria serpyllifolia* Linn.
卷耳　*Cerastium arvense* subsp. *strictum* Gaudin
狗筋蔓　*Silene baccifera*（L.）Roth
箐姑草　*Stellaria vestita* Kurz

昆栏树科　Trochodendraceae

领春木　*Euptelea pleiosperma* Hook. f. et Thoms.

连香树科　Cercidiphyllaceae

连香树　*Cercidiphyllum japonicum* Sieb. et Zucc.

毛茛科　Ranunculaceae

乌头　*Aconitum carmichaelii* Debeaux.
铁棒锤　*A. pendulum* Busch
类叶升麻　*Actaea asiatica* Hara
鹅掌草　*Anemone flaccida* Fr. Schmidt.
打破碗花花　*A. hupehensis* V. Lem.
铁破锣　*Beesia calthifolia*（Maxim.）Ulbr.
驴蹄草　*Caltha palustris* Linn.
小木通　*Clematis armandii* Franch.
威灵仙　*Clematis chinensis* Osbeck
毛蕊铁线莲　*C. lasiandra* Maxim.
升麻　*C. foetida* L.
川陕翠雀花　*Delphinium henryi* Franch.
纵肋人字果　*Dichocarpum fargesii*（Franch.）W. T. Wang et Hsiao
美丽芍药　*Paeonia mairei* Lévl.
草芍药　*P. obovata* Maxim.
川赤芍　*P. anomala* subsp. *veitchii*（Lynch）D.Y. Hong et K.Y. Pan
毛茛　*Ranunculus japonicus* Thunb.

扬子毛茛　*R. Sieboldii* Miq.

长柄唐松草　*Thalictrum przewalskii* Maxim.

木通科　Lardizabalaceae

木通　*Akebia quinata* (Houtt.) Decne

三叶木通　*A. trifoliata* (Thunb.) Koidz.

猫儿屎　*Decaisnea insignis* (Griff.) Hook. f. et Thoms.

牛姆瓜　*Holboellia grandiflora* Reaub.

小檗科　Berberidaceae

淫羊藿　*Epimedium brevicornu* Maxim.

柔毛淫羊藿　*E. pubescens* Maxim.

阔叶十大功劳　*Mahonia bealei* (Fort.) Carr.

木兰科　Magnoliaceae

南五味子　*Kadsura longipedunculata* Finet. et Gagnep.

五味子　*Schisandra chinensis* (Turcz.) Baill.

铁箍散　*S. propinqua* subsp. *sinensis* (Oliv.) R.M.K. Saunders

红花五味子　*S. rubriflira* Rehd. et Wils.

华中五味子　*S. sphenanthera* Rehd. et Wils.

水青树　*Tetracentron sinense* Oliv.

樟科　Lauraceae

樟　*Cinnamomum camphora* (L.) J.Presl

川桂　*C. wilsonii* Gamble

香叶树　*Lindera communis* Hemsl.

山胡椒　*L. glauca* (Sieb. et Zucc.) Bl.

三桠乌药　*L. obtusiloba* Blume

毛叶木姜子　*Litsea mollis* Hemsl.

四川木姜子　*L. moupinensis* var. *szechuanica* (Allen) Yang et P. H. Huang

木姜子　*L. pungens* Hemsl.

罂粟科 Papaveraceae

紫堇 *Corydalis edulis* Maxim.

博落回 *Macleaya cordata*（Willd.）R. Br.

十字花科 Cruciferae

荠 *Capsella bursa–pastoris*（Linn.）Medic.

弯曲碎米荠 *Cardamine flexuosa* With.

碎米荠 *C. hirsuta* Linn.

弹裂碎米荠 *C. impatiens* Linn.

紫花碎米荠 *C. purpurascens*（O. E. Schulz）Al-Shehbaz et al.

景天科 Crassulaceae

瓦松 *Orostachys fimbriata*（Turcz.）A. Berger

扯根草 *Penthorum chinense* Pursh

费菜 *Phedimus aizoon*（L.）'t Hart

小山飘风 *Sedum filipes* Hemsl.

佛甲草 *S. lineare* Thunb.

虎耳草科 Saxifragaceae

落新妇 *Astibe chinensis*（Maxim.）Franch. et Savat.

大叶金腰 *Chrysosplenium macrophyllum* Oliv.

常山 *Dichroa febrifuga* Lour.

蜡莲绣球 *Hydrangea strigosa* Rehd.

挂苦绣球 *H. xanthoneura* Diels

突隔梅花草 *Parnassia delavayi* Franch.

山梅花 *Philadelphus incanus* Koehne

细枝茶藨子 *Ribes tenue* Jancz.

七叶鬼灯擎 *Rodgersia aesculifolia* Batal.

虎耳草 *Saxifraga stolonifera* Curtis

黄水枝 *Tiarella polyphylla* D. Don

杜仲科 Eucommiaceae

杜仲 *Eucommia ulmoides* Oliv.

蔷薇科　Rosaceae

龙牙草　*Agrimonia pilosa* Ledeb.

假升麻　*Aruncus sylvester* Kostel.

云南樱桃　*Cerasus yunnanensis*（Franch.）Yü et Li

川康栒子　*Cotoneaster ambiguus* Rehd. et Wils.

细枝栒子　*C. tenuipes* Rehd. et Wils.

平枝栒子　*C. horizontalis* Dcne.

水栒子　*C. multiflorus* Bge.

蛇莓　*Duchesnea indica*（Andr.）Focke

东方草莓　*Fragaria orientalis* Lozinsk.

路边青　*Geum aleppicum* Jacq.

棣棠花　*Kerria japonica*（Linn.）DC.

陇东海棠　*Malus kansuensis*（Batal.）Schneid.

委陵菜　*Potentilla chinensis* Ser.

蛇含委陵菜　*P. kleiniana* Wight. et Arn.

火棘　*Pyracantha fortuneana*（Maxim.）H. L. Li

木香花　*Rosa banksiae* Ait.

峨眉蔷薇　*R. omeiensis* Rolfe

缫丝花　*R. roxburghii* Tratt.

秀丽莓　*Rubus amabilis* Focke

茅莓　*R. parvifolius* Linn.

菰帽悬钩子　*R. pileatus* Focke

地榆　*Sanguisorba officinalis* Linn.

石灰花楸　*Sorbus folgneri*（Schneid.）Rehd.

湖北花楸　*S. hupehensis* Schneid.

陕甘花楸　*S. Koehneana* Schneid.

豆科　Leguminosae

（一）含羞草亚科　Mimosoideae

山槐　*Albizia kalkora*（Roxb.）Prain

（二）云实亚科　Caesalpinioideae

紫荆　*Cercis chinensis* Bunge

皂荚　*Gleditsia sinensis* Lam.

（三）蝶形花亚科 Papilionideae

紫穗槐   *Amorpha fruticosa* Linn.

斜茎黄芪   *Astragalus laxmannii* Jacq.

四川黄芪   *A. sutchuenensis* Franch.

杭子梢   *Campylotropis macrocarpa*（Bunge）Rehd.

小花香槐   *Cladrastis delavayi*（Franch.）Prain

香槐   *C. wilsonii* Takeda

大金刚藤   *Dalbergia dyeriana* Prain ex Harms

圆菱叶山蚂蝗   *Desmodium podocarpum* DC.

四川山蚂蝗   *D. szechuenense*（Graib）Schindl.

牧地山黧豆   *Lathyrus pratensis* Linn.

胡枝子   *Lespedeza bicolor* Turcz.

美丽胡枝子   *L. thunbergii* subsp. *formosa*（Vogel）H. Ohashi

小苜蓿   *Medicago minima*（Linn.）Grufb.

紫苜蓿   *M. sativa* Linn.

草木樨   Melilotus officinalis（Linn.）Lam.

葛   *Pueraria lobata*（Willd.）Ohwi

刺槐   *Robinia pseudoacacia* Linn.

槐   *Sophora japonica* Linn.

酢浆草科 Oxalidaceae

山酢浆草   *Oxalis griffithii* Edgew. et Hook. f.

牻牛儿苗科 Geraniaceae

粗根老鹳草   *Geranium dahuricum* DC.

尼泊尔老鹳草   *G. nepalense* Sweet

老鹳草   *G. wilfordii* Maxim.

蒺藜科   Zygophyllaceae

蒺藜   *Tribulus terrestris* L.

芸香科　Rutaceae

臭节草　*Boenninghausenia albiflora*（Hook.）Reichb. ex Meisn.
臭檀吴萸　Tetradium daniellii（Benn.）Hemsl.
吴茱萸　T. ruticarpum（A. Juss.）Hartley
竹叶花椒　*Zanthoxylum armatum* DC.
川陕花椒　*Z. piasezkii* Maxim.

苦木科　Simaroubaceae

臭椿　*Ailanthus altissima*（Mill.）Swingle

楝科　Meliaceae

楝　*Melia azedarach* Linn.
香椿　*Toona sinensis*（A. Juss.）Roem.

大戟科　Euphorbiaceae

山麻杆　*Alchornea davidii* Franch.
乳浆大戟　*Euphorbia esula* Linn.
泽漆　*E. helioscopia* Linn.
算盘子　*Glochidion puberum*（Linn.）Hutch.
粗糠柴　*Mallotus philippnensis*（Lam.）Muell.Arg.
野桐　*M. tenuifolius* Pax
叶下珠　*Phyllanthus urinaria* Linn.
乌桕　Triadica sebifera（L.）Small
油桐　*Vernicia fordii*（Hemsl.）Airy Shaw

马桑科　Coriariaceae

马桑　Coriaria nepalensis Wall.

漆树科　Anacardiaceae

黄栌　*Cotinus coggygria* Scop.
盐肤木　*Rhus chinensis* Mill.

青麸杨 *Rh. potaninii* Maxim.
红麸杨 *Rh. punjabensis* var. *sinica*（Diels）Rehd. et Wils.
野漆 *Toxicodendron succedaneum*（Linn.）O. Kuntze.

冬青科 Aquifoliaceae

猫儿刺 *Ilex pernyi* Franch.

卫矛科 Celastraceae

刺果卫矛 *Euonymus acanthocarpus* Franch.
纤齿卫矛 *E. giraldii* Loes.
西南卫矛 *E. hamiltonianus* Wall. ex Roxb.

槭树科 Aceraceae

小叶青皮槭 *Acer cappadocicum* var. *sinicum*（Rehder）Hand.-Mazz.
青榨槭 *A. davidii* Franch.
房县槭 *A. franchetii* Pax
飞蛾槭 *A. oblongum* Wall. ex DC.
五裂槭 *A. oliverianum* Pax
四川槭 *A. sutchuenense* Franch.
金钱槭 *Dipteronia sinensis* Oliv.

七叶树科 Hippocastanaceae

天师栗 *Aesculus chinensis* var. *wilsonii*（Rehder）Turland et N. H. Xia

无患子科 Sapindaceae

复羽叶栾树 *Koelreuteria bipinnata* Franch.

清风藤科 Sabiaceae

泡花树 *Meliosma cuneifolia* Franch.
四川清风藤 *Sabia schumanniana* Diels.

凤仙花科　Balsaminaceae

凤仙花　*Impatiens balsamina* Linn.

水金凤　*I. noli-tangere* Linn.

翼萼凤仙花　*I. pterosepala* Hook. f.

鼠李科　Rhamnaceae

多花勾儿茶　*Berchemia floribunda*（Wall.）Brongn.

勾儿茶　*B. sinica* Schneid.

薄叶鼠李　*Rhamnus leptophylla* Schneid.

葡萄科　Vitaceae

蛇葡萄　*Ampelopsis glandulosa*（Wall.）Momiy.

蓝果蛇葡萄　*Ampelopsis bodinieri*（Levl. et Vant.）Rehd.

三裂蛇葡萄　*A. delavayana* Planch. ex Franch.

毛三裂蛇葡萄　*A. delavayana* var. *setulosa*（Diels et Gilg）C. L. Li

乌蔹莓　*Causonis japonica*（Thunb.）Raf.

崖爬藤　*Tetrastigma obtectum*（Wall.）Planch.

梧桐科　Sterculiaceae

梧桐　*Firmiana simplex*（Linn.）W.　Wight

猕猴桃科　Actinidiaceae

凸脉猕猴桃　*Actinidia arguta* var. *nervosa* C. F. Liang

狗枣猕猴桃　*A. kolomikta*（Maxim. et Rupr.）Maxim.

毛蕊猕猴桃　*A. Trichogyna* Franch.

猕猴桃藤山柳　Clematoclethra scandens subsp. actinidioides（Maxim.）Y. C. Tang et Q. Y. Xiang

山茶科　Theaceae

茶　*Camellia sinensis*（Linn.）Kuntze

翅柃　*Eurya alata* Kobuski

短柱柃　*E. brevistyla* Kobuski
细齿叶柃木　*E. nitida* Korthals

藤黄科　Guttiferae

金丝桃　Hypericum monogynum Linn.
金丝梅　*H. patulum* Thunb. ex Murray
贯叶连翘　*H. perforatum* Linn.
元宝草　*H. sampsonii* Hance

柽柳科　Tamaricaceae

宽苞水柏枝　*Myricaria bracteata* Royle
柽柳　*Tamaris chinensis* Lour.

堇菜科　Violaceae

戟叶堇菜　*Viola betonicifolia* J. E. Smith
七星莲　*V. diffusa* Ging
紫花地丁　*V. philippica* Cav.
斑叶堇菜　*V. variegata* Fisch. ex Link.

秋海棠科　Begoniaceae

秋海棠　*Begonia grandis* Dryand.

瑞香科　Thymelaeaceae

芫花　*Daphne genkwa* Sieb. et Zucc.
瑞香　*D. odora* Thunb.
凹叶瑞香　*D. retusa* Hemsl.
唐古特瑞香　*D. tangutica* Maxim.

胡颓子科　Elaeagnaceae

牛奶子　*Elaeagnus umbellata* Thunb.
沙棘　*Hippophae rhamnoides* Linn.

八角枫科 Alangiaceae

八角枫　*Alangium chinense* (Lour.) Harms

瓜木　*A. platanifolium* (Sieb. et Zucc.) Harms

柳叶菜科 Onagraceae

柳兰　*Chamerion angustifolium* (L.) Holub

柳叶菜　*Epilobium hirsutum* Linn.

长籽柳叶菜　*E. pyrricholophum* Franch. et Savat.

五加科　Araliaceae

楤木　Aralia elata (Miq.) Seem.

黄毛楤木　*Aralia chinensis* L.

土当归　*A. cordata* Thunb.

红毛五加　Eleutherococcus giraldii (Harms) Nakai

糙叶五加　*E. henryi* Oliv.

白簕　*Eleutherococcus trifoliatus* (Linnaeus) S.Y. Hu

常春藤　*Hedera nepalensis* var. *Sinensis* (Tobl.) Rehd.

异叶梁王茶　*Metapanax davidii* (Franch.) J. Wen ex Frodin

疙瘩七　*Panax japonicus* var. *bipinnatifidus* (Seem.) C. Y. Wu et K. M. Feng

伞形科　Umbelliferae

疏叶当归　*Angelica laxifoliata* Diels

峨参　*Anthriscus* sylvestris (Linn.) Hoffm.

北柴胡　*Bupleurum chinense* DC.

竹叶柴胡　*B. marginatum* Wall. ex DC.

积雪草　*Centella asiatica* (Linn.) Urban

鸭儿芹　*Cryptotaenia japonica* Hassk.

野胡萝卜　*Daucus carota* Linn.

多裂独活　Heracleum dissectifolium K. T. Fu

短毛独活　*H. moellendorffii* Hance

红马蹄草　*Hydrocotyle nepalensis* Hook.

天胡荽　*H. sibthorpioides* Lam.

川芎　*Ligusticum sinense* 'Chuanxiong' S. H. Qiu et al.

羌活　*Notopterygium Incisum* Ting ex H. T. Chang
紫花前胡　*Angelica decursiva*（Miq.）Franch. et Sav.
前胡　*Peucedanum praeruptorum* Dunn
异伞棱子芹　*Pleurospermum heterosciadium* Wolff
川滇变豆菜　Sanicula astrantiifolia Wolff ex Kretsch.
变豆菜　*S. chinensis* Bge.
直刺变豆菜　*S. orthacantha* S. Moore
窃衣　*Torilis scabra*（Thunb.）DC.

山茱萸科　Cornaceae

灯台树　*Cornus controversa* Hemsl.
毛梾　*C. walteri* Wanger.
四照花　*C. kousa* subsp. *chinensis*（Osborn）Q. Y. Xiang
中华青荚叶　*Helwingia chinensis* Batal.
乳凸青荚叶　*H. japonica* var. *papillosa* Fang et Soong

杜鹃花科　Ericaceac

杜鹃　*Rhododendron simsii* Planch.
四川杜鹃　*Rh. sutchuenense* Franch.
江南越桔　*Vaccinium mandarinorum* Diels

紫金牛科　Myrsinaceae

硃砂根　*Ardisia crenata* Sims
百两金　*A. crispa*（Thunb.）A. DC.
湖北杜茎山　*Maesa hupehensis* Rehd.
铁仔　*Myrsine africana* L.

报春花科　Primulaceae

细蔓点地梅　*Androsace cuscutiformis* Franch.
点地梅　*A. umbellata*（Lour.）Merr.
泽珍珠菜　*Lysimachia candida* Lindl.
细梗香草　*L. capillipes* Hemsl.

过路黄　*L. christinae* Hance

狭叶珍珠菜　*L. pentapetala* Bunge

米仓山报春　*Primula scopulorum* Balf. f. et Farrer

山矾科　Symplocaceae

薄叶山矾　*Symplocos anomala* Brand

山矾　*S. sumuntia* Buch.-Ham. ex D. Don

木犀科　Oleaceae

秦连翘　*Forsythia giraldiana* Lingelsh.

连翘　*F. Suspensa*（Thunb.）Vahl

马钱科　Loganiaceae

巴东醉鱼草　*Buddleja albiflora* Hemsl.

大叶醉鱼草　*B. davidii* Franch.

密蒙花　*B. officinalis* Maxim.

龙胆科　Gentianaceae

秦艽　*Gentiana macrophylla* Pall.

鳞叶龙胆　*G. squarrosa* Ledeb.

四川龙胆　*G. sutchuenensis* Franch. et Hemsl.

湿生扁蕾　*Gentianopsis paludosa*（Hook. f.）Ma

卵萼花锚　*Halenia elliptica* D. Don

川东獐牙菜　*Swertia davidii* Franch.

夹竹桃科 Apocynaceae

夹竹桃　*Nerium oleander* Linn.

白花夹竹桃　*N. indicum* Mill cv.' Paihua'

紫花络石　*Trachelospermum axillare* Hook. f.

络石　*T. jasminoides*（Lindl.）Lem.

萝藦科　Asclepiadaceae

牛皮消　*Cynanchum auriculatum* Royle ex Wight
竹灵消　*C. Inamoenum* (Maxim.) Loes.
隔山消　*C. wilfordii* (Maxim.) Hemsl.
杠柳　*Periploca sepium* Bunge

旋花科　Convolvulaceae

打碗花　*Calystegia hederacea* Wall. ex Roxb.
菟丝子　*Cuscuta chinensis* Lam.
牵牛　*Ipomoea nil* (L.) Roth
紫牵牛　*I. purpurea* (L.) Roth
飞蛾藤　*Dinetus racemosus* (Roxb.) Buch.-Ham. ex Sweet

紫草科　Boraginaceae

柔弱斑种草　*Bothriospermum zeylanicum* (J. Jacq.) Druce
倒提壶　*Cynoglossum amabile* Stapf et Drumm.
琉璃草　*C. Zeylanicum* furcatum Wall.
湖北附地菜　*Trigonotis mollis* Hemsl.
附地菜　*T. peduncularis* (Trev.) Benth. ex Baker et Moore

马鞭草科　Verbenaceae

紫珠　*Callicarpa bodinieri* Lévl.
臭牡丹　*Clerodendrun bungei* Steud.
海州常山　*C. trichotomum* Thunb.
黄荆　*Vitex negundo* L.
荆条　*V. negundo var. heterophylla* (Franch.) Rehd.

唇形科　Labiatae

藿香　*Agastache rugosa* (Fisch. et Mey.) O. Ktze.
紫背金盘　*Ajuga nipponensis* Makino
香薷　*Elsholtzia ciliata* (Thunb.) Hyland.
野草香　*E. cyprianii* (Pavol.) C. Y. Wu et S. Chow

密花香薷　*E. densa* Benth.

鸡骨柴　*E. fruticosa*（D. Don）Rehd.

活血丹　*Glechoma longituba*（Nakai）Kupr.

显脉香茶菜　*Isodon nervosus*（Hemsl.）Kudo

粉红动蕊花　*Kinostemon alborubrum*（Hemsl.）C. Y. Wu et S. Chow

益母草　*Leonurus japonicus* Houtt.

蜜蜂花　*Melissa axillaris*（Benth.）Bakh. f.

荆芥　*Nepeta cataria* L.

牛至　*Origanum vulgare* L.

糙苏　*Phlomis umbrosa* Turcz.

夏枯草　*Prunella vulgaris* L.

鄂西鼠尾草　*Salvia maximowicziana* Hemsl.

茄科　Solanaceae

酸浆　*Physalis alkekengi* L.

白英　*Solanum lyratum* Thunb.

玄参科　Scrophulariaceae

鞭打绣球　*Hemiphragma heterophyllum* Wall.

通泉草　*Mazus pumilus*（Burm. f.）Steenis

四川沟酸浆　*Mimulus szechuanensis* Pai

轮叶马先蒿　*Pedicularis verticillata* L.

松蒿　*Phtheirospermum japonicum*（Thunb.）Kanitz

婆婆纳　*Veronica polita* Fries

四川婆婆纳　*V. szechuanica* Batal.

细穗腹水草　*Veronicastrum stenostachyum*（Hemsl.）Yamazaki

列当科　Orobanchaceae

丁座草　*Boschniakia himalaica* Hook. f. et Thoms.

苦苣苔科　Gesneriaceae

半蒴苣苔　*Hemiboea subcapitata* Clarke

车前草科　Plantaginaceae

车前　*Plantago asiatica* Ledeb.

大车前　*P. major* L.

茜草科　Rubiaceae

猪殃殃　*Galium spurium* L.

六叶葎　*G. asperuloides* subsp. *hoffmeisteri*（Klotzsch）Hara

北方拉拉藤　*G. boreale* L.

四叶葎　*G. bungei* Steud.

鸡矢藤　*Paederia foetida* L.

白马骨　*Serissa serissoides*（DC.）Druce

茜草　*Rubia cordifolia* L.

忍冬科　Caprifoliaceae

蕊被忍冬　*Lonicera gynochlamydea* Hemsl.

蕊帽忍冬　*L. ligustrina* var. *pileata*（Oliv.）Franch.

唐古特忍冬　*Lonicera tangutica* Maxim.

接骨草　*Sambucus chinensis* Lindl.

穿心莛子藨　*Triosteum himalayanum* Wall.

莛子藨　*T. pinnatifidum* Maxim.

桦叶荚蒾　*Viburnum betulifolium* Batal.

宜昌荚蒾　*V. erosum* Thunb.

直角荚蒾　*V. foetidum* var. *Rectangulatum*（Graebn.）Rehd.

陕西荚蒾　*V. schensianum* Maxim.

合轴荚蒾　*V. sympodiale* Graebn.

烟管荚蒾　*V. utile* Hemsl.

败酱科　Valerianaceae

少蕊败酱　*Patrinia monandra* C. B. Clarke

败酱　*P. scabiosifolia* Fisch. ex Trevir.

川续断科 Dipsacaccae

川续断 *Dipsacus asper* Wall.

葫芦科 Cucurbitaceae

绞股蓝 *Gynostemma pentaphyllum*（Thunb.）Makino
长毛赤瓟 *Thladiantha villosula* Gogn.
中华栝楼 *Trichosanthes rosthornii* Harms

桔梗科 Campanulaceae

裂叶沙参 *Adenophora lobophylla* Hong
轮叶沙参 *A. Tetraphylla*（Thunb.）Fisch.
川党参 *Codonopsis pilosula* subsp. *tangshen*（Oliv.）D.Y. Hong
铜锤玉带草 *Lobelia angulata* Forst.

菊科 Compositae

珠光香青 *Anaphalis margaritacea*（L.）A. Gray
香青 *A. sinica* Hance
青蒿 *Artemisia caruifolia* Buch.-Ham. ex Roxb.
艾 *A. argyi* Lévl. et Van.
三脉紫菀 *Aster trinervius* subsp. *ageratoides*（Turcz.）Grierson
小舌紫菀 *A. Albescens*（DC.）Wall. ex Hand. -Mazz.
鬼针草 *Bidens pilosa* Linn.
耳叶蟹甲草 *Parasenecio auriculatus*（DC.）J. R. Grant
天名精 *Carpesium abrotanoides* L.
烟管头草 *C. cernuum* L.
大花金挖耳 *C. macrocephalun* Franch. et Sav.
四川天名精 *C. szechuanense* Chen et C. M. Hu
刺儿菜 *Cirsium arvense* var. *integrifolium* C. Wimm. et Grabowski
蓟 *C. japonicum* Fisch. ex DC.
魁蓟 *C. leo* Nakai et Kitagawa
小蓬草 *Erigeron canadensis* L.
菊花 *Chrysanthemum morifolium* Ramat.

野菊　*Chrysanthemum indicum* Thunb.

鱼眼草　*integrifolia*（L.f.）Kuntze

飞蓬　*Erigeron acer* L.

一年蓬　*E. Annuus*（L.）Desf

白头婆　*Eupatorium japonicum* Thunb. ex Murray

泥胡菜　*Hemisteptia lyrata*（Bunge）Bunge

马兰　*Aster indicus* Heyne

全叶马兰　*A. Pekinensis*（Hance）Kitag.

羽叶马兰　*A. iinumae* Kitam. ex Hara

火绒草　*Leontopodium leontopodioides*（Willd.Beauv.

离舌橐吾　*Ligulariaveitchiana*（Hemsl.）Greenm.

蜂斗菜　*Petasites japonicus*（Sieb. et Zucc.）Maxim.

风毛菊　*Saussurea japonica*（Thunb.）DC.

蒲儿根　*Sinosenecio oldhamianus*（Maxim.）B. Nord.

千里光　*Senecio scandens* Buch. - Ham. ex D. Don

蒲公英　*Taraxacum mongolicum* Hand.- Mazz.

苍耳　*Xanthium strumarium* L.

异叶黄鹌菜　*Youngia heterophylla*（Hemsl.）Babcock et Stebbins

黄鹌菜　*Y. Japonica*（L.）DC.

单子叶植物　Monocotyledoneae

泽泻科　Alismataceae

野慈姑　*Sagittaria trifolia* L.

禾本科　Gramineae

（1）竹亚科　Bambusoideae

巴山木竹　*Bashania fargesii*（E. G. Camus）Keng f. et Yi

箭竹　*Fargesia spathacea* Franch.

湖南箬竹　*Indocalamus hunanensis* B. M. Yang

巴山箬竹　*I. bashanensis*（C. D. Chu et C. S. Cao）H. R. Zhao et Y. L. Yang

斑竹　*Phyllostachys reticulata* 'Lacrima-deae'

苦竹　*Pleioblastus amarus*（Keng）Keng f.

(2)黍亚科　Panicoideae

荩草　*Arthraxon hispidus*（Thunb.）Makino

茅叶荩草　*A. Prionodes*（Steud.）Dandy

芦竹　*Arundo donax* L.

芸香草　*Cymbopogon distans*（Nees）Wats.

狗牙根　*Cynodon dactylon*（L.）Pers.

稗　*Echinochloa crusgalli*（L.）Beauv.

牛筋草　*Eleusine indica*（L.）Gaertn.

千金子　*Leptochloa chinensis*（L.）Nees

淡竹叶　*Lophatherum gracile* Brongn.

荻　*Miscanthus sacchariflorus*（Maxim.）Hackel

芒　*M. sinensis* Anderss.

狼尾草　*Pennisetum alopecuroides*（L.）Spreng.

早熟禾　*Poa annua* L.

棕叶狗尾草　Setaria palmifolia（Koen.）Stapf

莎草科　Cyperaceae

丝叶薹草　*Carex capilliformis* Franch.

十字薹草　*C. cruciata* Wahlenb.

香附子　*Cyperus rotundus* L.

荸荠　*Eleocharis dulcis*（Burm. f.）Trin. ex Hensch.

丛毛羊胡子草　*Eriophorum comosum* Nees

棕榈科　Palmae

棕竹　*Rhapis excelsa*（Thunb.）Henry ex Rehd.

天南星科　Araceae

金钱蒲　*Acorus gramineus* Sol. ex Aiton

螃蟹七　*Arisaema fargesii* Buchet

芋　*Colocasia esculenta*（Linn.）Schott

半夏　*Pinellia ternata*（Thunb.）Makino

鸭跖草科 Commelinaceae

鸭跖草 *Commelina communis* L.

水竹叶 *Murdannia triquetra* (Wall.) Bruckn.

灯心草科 Juncaceae

灯心草 *Juncus effusus* L.

扁茎心草 *J. gracillimus* (Buchenau) V. I. Krecz. et Gontsch.

百合科 Liliaceae

无毛粉条儿菜 *Aletris glabra* Bur. et Franch.

粉条儿菜 *A. Spicata* (Thunb.) Franch.

野葱 *Allium chrysanthum* Regel

天蓝韭 *A. cyaneum* Regel

野黄韭 *A. rude* J. M. Xu

天门冬 *Asparagus cochinchinensis* (Lour.) Merr.

羊齿天门冬 *A. filicinus* Ham. ex D. Don

大百合 *Cardiocrium giganteum* (Wall.) Makino

长蕊万寿竹 *Disporum bodinieri* (H. Lévl. et Vant.) Wang et Tang

万寿竹 *D. cantoniense* (Lour.) Merr.

黄花菜 *Hemerocallis citrina* Baroni

萱草 *H. Fulva* (L.) L.

肖菝葜 *Heterosmilax japonica* Kunth

野百合 *Lilium brownii* F. E. Br. et Miellez

川百合 *L. davidii* Duchartre

卷丹 *L. tigrinum* Ker Gawl.

禾叶山麦冬 *Liriope graminifolia* (L.) Baker

山麦冬 *L. Spicata* (Thunb.) Lour.

七叶一枝花 *Paris polyphylla* Smith

卷叶黄精 *Polygonatum cirrhifolium* (Wall.) Royle

西南菝葜 *Smilax biumbellata* T. Koyama

鞘柄菝葜 *S. stans* Maxim.

石蒜科 Amaryllidaceae

石蒜 *Lycoris radiata* (L' Hér.) Herb.
陕西石蒜 *L. shaanxiensis* Y. Hsu et Z. B. Hu
葱莲 *Zephyranthes candida* (Lindl.) Herb.

薯蓣科 Dioscoreaceae

黄独 *Dioscorea bulbifera* L.
薯蓣 *D. polystachya* Turcz.
盾叶薯蓣 *D. zingiberensis* C. H. Wright

鸢尾科 Iridaceae

唐菖蒲 *Gladiolus gandavensis* Van Houtte
扁竹兰 *Iris confusa* Sealy
鸢尾 *I. tectorum* Maxim.

姜科 Zingiberaceae

山姜 *Alpinia japonica* (Thunb.) Miq.
四川山姜 *A. sichuanensis* Z. Y. Zhu
艳山姜 *A. zerumbet* (Pers.) Burtt. et Smith

兰科 Orchidaceae

白及 *Bletilla striata* (Thunb. ex A. Murray) Rchb. f.
虾脊兰 *Calanthe discolor* Lindl.
细叶石斛 *Dendrobium hancockii* Rolfe
大叶火烧兰 *Epipactis mairei* Schltr.
天麻 *Gastrodia elata* Bl.
绶草 *Spiranthes sinensis* (Pers.) Ames

彩 图

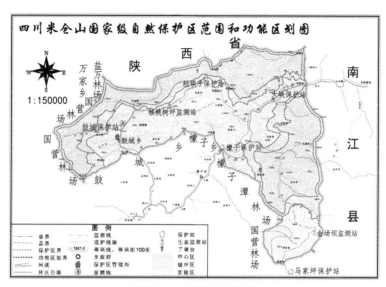

彩图 1-1　保护区的位置

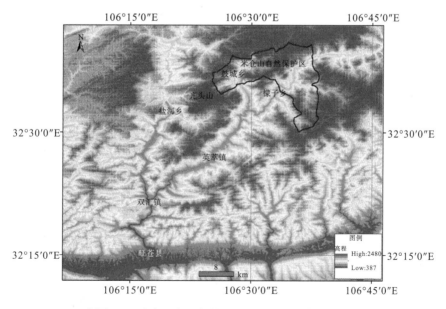

彩图 1-2　米仓山自然保护区的区位及数字高程模型图

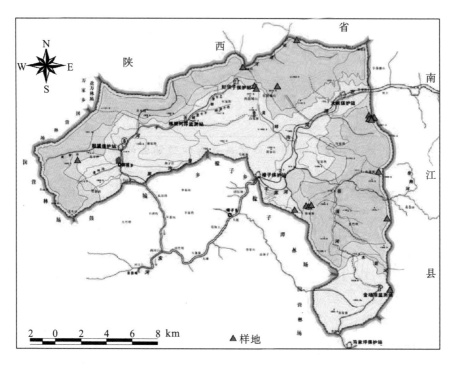

彩图 2-1　调查样地的位置

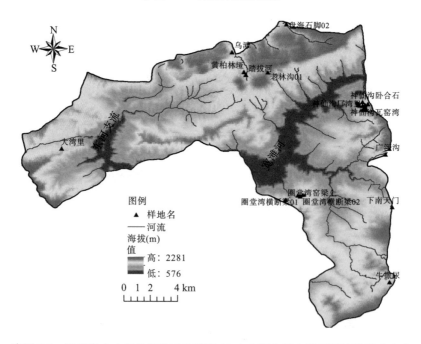

彩图 8-1　四川米仓山自然保护区地形及 18 个典型台湾水青冈样地种群分布点

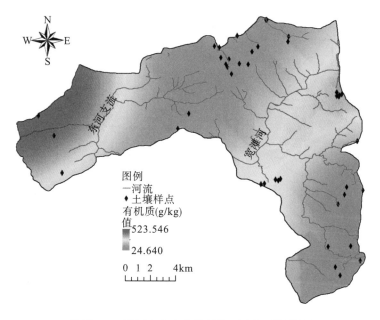

彩图 8-2　四川米仓山自然保护区有机质插值图

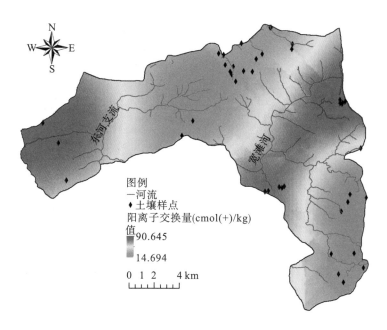

彩图 8-3　四川米仓山自然保护区阳离子交换量插值图

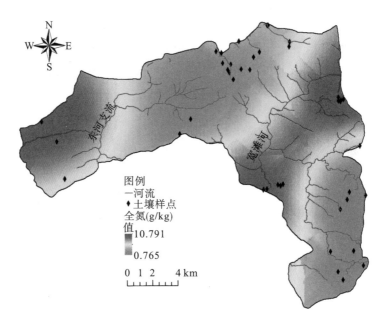

彩图 8-4 四川米仓山自然保护区全氮插值图

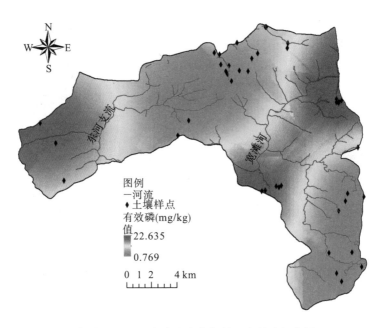

彩图 8-5 四川米仓山自然保护区有效磷插值图

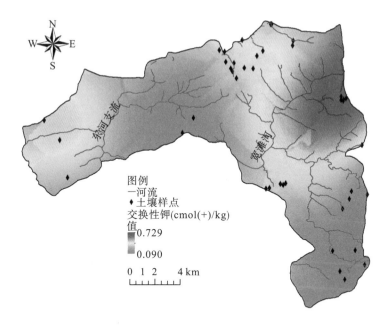

彩图 8-6　四川米仓山自然保护区交换性钾插值图

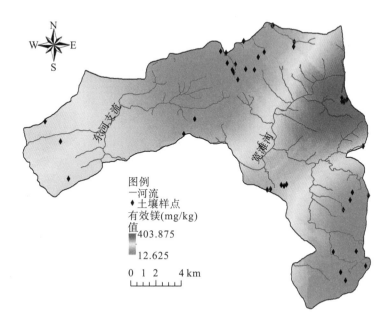

彩图 8-7　四川米仓山自然保护区有效镁插值图

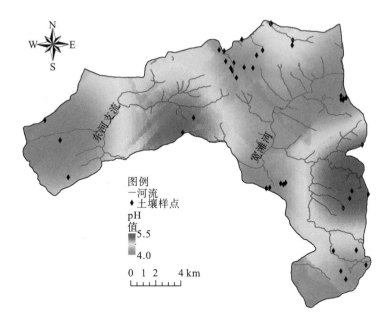

彩图 8-8   四川米仓山自然保护区 pH 插值图

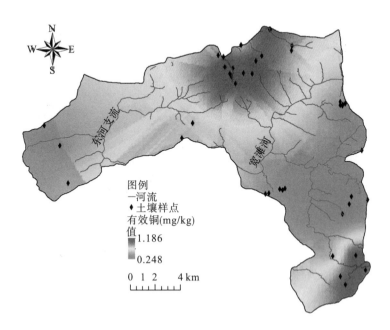

彩图 8-9   四川米仓山自然保护区有效铜插值图

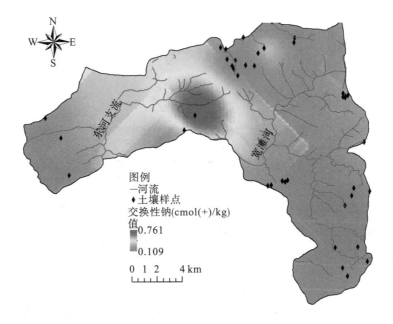

彩图 8-10　四川米仓山自然保护区交换性钠插值图

附　　图

台湾水青冈（*Fagus hayatae*）

米心水青冈（*Fagus engleriana*）

藏刺榛（*Corylus ferox*）

山核桃（*Carya cathayensis*）

大型四照花（*Dendrobenthamia gigantea*）

卫矛（*Euonymus alatus*）

翠雀（*Delphinium grandiflorum*）

冰川茶藨子（*Ribes glaciale*）

东亚唐松草（*Thalictrum minusvar.Hypoleucum*）

西南卫矛（*Euonymus hamiltonianus*）

双蕊野扇花（*Sarcococca hookerianavar. digyna*）

美洲商陆（*Phytolacca americana*）

延龄草（*Trillium tschonoskii*）

天麻（*Gastrodia elata*）

淫羊藿（*Epimedium brevicornu*）

鹿药（*Smilacina japonica*）

沿阶草（*Ophiopogon bodinieri*）

天南星（*Arisaema heterophyllum*）

台湾水青冈生长环境1

台湾水青冈生长环境2

台湾水青冈生长环境3

台湾水青冈生长环境4

台湾水青冈生长环境5　　　　　　　　　　　台湾水青冈生长环境6

野外培训　　　　　　　　　　　　　野外调查

土层测量　　　　　　　　　　　　　胸径测量

草本测量　　　　　　　　　　　　　　叶样采集

土样采集　　　　　　　　　　　　　　标本采集